시크릿
손자병법

★ ★ ★ ★

한미연합군을 지휘한 김병주 예비역 육군대장의

시크릿
손자병법

★ ★ ★ ★

김병주 지음

플래닛미디어
Planet Media

사성장군,
《손자병법》의 비밀을 열다

1980년 육군사관학교에 입교하여 1984년에 장교가 됐다. 군인으로서 나의 화두는 늘 제갈량이나 이순신 장군처럼 전략·전술에 뛰어난 지략을 갖는 것이었다. 십 년 동안 그 답을 찾아 헤맸지만 늘 안개 같은 답답함 속에 갇혀 있는 느낌이었다.

1997년 육군대학을 졸업하고 전방에서 소령으로 근무하게 되면서부터 중국의 일곱 가지 병서인 무경칠서武經七書와 우리 조상들의 무과시험 필독서를 공부하였다. 이 중 나에게 가장 큰 영향을 미친 것이《손자병법孫子兵法》이다.

처음《손자병법》을 읽을 때는 상당히 어려웠다. 전체 6,109자로 한문으로 읽으면 한 시간 정도, 직역된 한글로 읽으면 두 시간 정도면 다 읽을 수 있는 짧은 분량이다. 하지만 뜻이 깊어 글자만 읽어서는 선뜻 이해하기가 어려웠다. 그러나 선조들의 조언처럼, 아무리 어려운 글이라도 수백 번 반복해 읽으면 그 원리가 터득되는 법이다.

나는 《손자병법》을 늘 책상 위에 두고 틈나는 대로 읽고 또 읽었다. 아마 수백 번은 읽은 듯하다. 읽을 때마다 손자가 말하고자 하는 문장의 의미가 무엇인지 고민하는 시간이 많아졌고, 그런 시간에 비례해 뜻을 이해하게 되었다. 뜻을 깨닫게 된 후에는 전쟁사에 적용되는 사례를 찾아가며 연구했다. 이로써 손자가 제시한 원리를 점점 더 깊이 이해할 수 있었다.

그다음으로는 내가 익힌 원리를 활용해보기로 했다. 부대에서 리더십을 발휘해야 할 때나 전투 연습을 할 때 이를 실제로 적용했다. 특히 워게임 형식으로 실제 상황과 거의 동일하게 전투 연습을 할 때 《손자병법》을 적용하니 그 효과가 곧바로 나타났다. 그뿐 아니라 《손자병법》을 바탕으로 한 리더십이 성과를 발휘하고, 전투 연습에서는 최소의 희생으로 압승을 거두었다. 내가 《손자병법》에 빠질 수밖에 없던 이유다.

《손자병법》을 공부하면서 가장 놀라웠던 점은 손자의 지혜가 전쟁이나 전투는 물론 경쟁이 존재하는 모든 곳, 즉 개인과 조직, 국가를 경영하는 데에도 도움이 된다는 사실이었다. 실제로 《손자병법》이 다루는 내용은 그 스펙트럼이 매우 넓을뿐더러, 손자가 제안하는 전략들은 전쟁뿐 아니라 적용하기에 따라서는 개인이나 회사, 국가에까지 확대될 수 있다. 또 인생의 크고 작은 파도에 슬기롭게 대처하고, 삶을 주도적으로 계획하는 데에도 큰 혜안을 준다. 나 또한 가정을 이끌어가는 일에서나 지인들과의 관계를 이어가는 데 손자의 도움을 톡톡히 받았다고 자신 있게 말할 수 있다.

이렇게《손자병법》으로부터 혼자만 누리기에는 아까울 만치 큰 혜택을 받은 후로는《손자병법》의 지혜를 다른 사람과도 나누고 싶어졌다. 그래서 장군이 되어서는《손자병법》을 직접 강의하면서 부대원들과 의미를 공유하기 시작했다. 군단장, 한미연합사 부사령관을 역임할 당시에는 2시간씩 30회의 강연을 통해《손자병법》총 13편을 다루었다.

전역 후 더 많은 사람과《손자병법》의 지혜를 공유하고 싶었으나 아쉽게도 시간과 공간의 제약이 따랐다. 이 책을 쓰게 된 이유다. 이 한 권의 책에 30회 동안 강연한 내용을 전부 담을 수는 없지만, 독자 스스로《손자병법》을 깨칠 수 있는 능력을 갖추게 되길 희망하며 핵심적인 원리를 중심으로 내용을 정리해 책을 썼다.《손자병법》은 짧은 책이지만, 해석하기에 따라 의미의 폭이 크게 달라진다. 직역해 읽으면 의미의 왜곡이 생길 가능성도 있다. 이런 점을 감안하여, 필자가 얻은 것이 독자들에게도 도움이 되기를 바라는 마음으로 최대한 성실히 그 감추어진 의미를 찾아 전달하려고 노력했다. 나중에 장별로 더 소상히 다룰 기회가 있기를 기대해본다.

끝으로, 책을 쓰면서 많은 분의 도움을 받았음을 밝혀둔다. 동생인 김철주는 수시로 의견을 주었고,《손자병법》을 경영 분야에 어떻게 적용하면 좋을지 대학교에서 경영학을 가르치는 김대하 교수도 조언을 해주었다. 책의 수정을 위해 여러 의견을 내준 딸 김지혜의 도움도 컸다. 고마움을 전한다. 한 분 한 분 모두 적지 못하지만, 격려와 조언을 주신 모든 분께 참으로 감사할 따름이다.

2019년 11월

저자 김병주

왜 《손자병법》을 읽어야 하는가?

140 : 7 : 1

무엇을 의미하는 숫자일까? 답은 국가의 개수다. 140여 개 제후국이 7개 제후국으로 통합되고, 다시 하나의 국가로 통합되는 과정을 보여주는 숫자다. 과거 중국에는 그 어느 때보다 경쟁이 치열하던 시기가 있었다. 바로 춘추시대와 전국시대이다.

먼저 춘추시대(기원전 770~403), 황제국인 주周나라의 통제력이 약해지면서 중원은 크고 작은 140여 개의 제후국으로 나뉘었다. 당연히 서로 간에 경쟁이 격화되고 결국에는 모든 나라가 전쟁의 소용돌이에 휘말렸다. 공자의 《춘추春秋》 기록에 의하면 242년 동안 제후국과 제후국, 혹은 제후국 내부에서 발발한 전쟁만도 무려 483회였다. 이 밖에도 전쟁과 직접 관련된 정치·군사적 활동이 450차례나 되었다. 종합하면 전쟁이나 전쟁과 관련된 군사적 행동이 933차례나 있었다는 것이다.

대국 사이의 패권 전쟁, 이민족과의 전쟁, 제후국 내부의 정권 쟁탈전, 군신 간의 시해 사건 등이 판을 쳤다. 사마천의 《사기史記》〈태사공자서太史公自序〉는 춘추시대에 시해된 군주가 36명, 망한 나라가 57개국이라고 기록하고 있다. 이러한 춘추시대는 7개 국가가 경쟁하는 전국시대(기원전 403~221)를 거쳐 마침내 진秦나라 시황제가 중국을 통일하면서 막을 내린다.

환란과 혼란을 헤쳐나갈 비책을 찾다

자고 일어나면 전쟁이고, 수시로 새로운 나라가 생기고 망했다. 전쟁의 소용돌이에서 백성들의 고통은 이루 말할 수 없었다. 이러한 때에 쓰여진 책이 《손자병법》이다. 어떻게 하면 국가가 강해지고 전쟁에서 승리할 수 있는지, 그 비책을 제시하는 책이다.

《손자병법》은 춘추시대 손자孫子가 저술하고, 100여 년이 지난 전국시대에 손빈孫臏이 보강했다. 흔히 손자로 불리는 손무孫武는 춘추시대 말기 제齊나라의 장수 집안 출신이었다. 그러나 고국에서의 출세를 포기하고 당시 신흥 소국이던 오吳나라의 왕 합려闔閭에게 13편으로 구성한 병법서 《손자병법》을 지어 바쳤다. 이로써 손무는 오나라의 장군이 되었고, 실제로 오나라를 반석 위에 올려놓기도 했다.

손빈은 전국시대 중기의 인물로 손자 사후 100년 뒤쯤 제나라 위왕威王 때 활약한 병법가다. 위왕은 강력한 군사력에 힘입어 적극적으로 병법을 정리하는 분위기를 조성했고, 《손자병법》은 이러한 분위기에 맞추어 완성된 것으로 보인다.

손무의 병법은 흔히 '손무병법'으로 불렸고, 오나라 손씨의 병법이라는 의미에서 '오손자병법'으로도 불렸다. 같은 맥락에서 손빈의 병법은 '손빈병법' 혹은 '제손자병법'으로 불렸다. 그리고 이 둘을 합하여 흔히 '손자병법'이라 했다.

책으로서의 《손자병법》은 총 13편에 6,109자로, 매우 짧고 그 내용도 압축적이다. 그러나 국가 전쟁의 개념을 숲과 나무를 동시에 보듯 놀라울 정도로 잘 그려내고 있다. 전쟁을 수행하기 위한 전략과 작전, 그리고 전술이 망라되어 있다. 지금으로 따진다면 국가 통수 기구의 전쟁 지도에서부터 말단 부대 소대장의 전투 수행 방법까지 기록되어 있는 셈이다.

《손자병법》은 약 2,500년 동안 줄곧 베스트셀러 자리를 유지해왔다. 《성경》이나 불경 등의 종교 서적과 아주 극소수의 책만이 2,500년 이상 베스트셀러로 이어져 내려온 점을 볼 때 실로 놀라운 책임에 틀림이 없다. 특히 군사 교과서의 대명사로 꼽히며 병법서 중에서도 가장 널리 활용되어온 책이다. 지금도 아시아는 물론 유럽 여러 나라와 미국 등에서 군사학의 필독서로 쓰이고 있다.

시대와 분야를 넘나드는 성공 전략서

《손자병법》은 어떻게 2,500년이라는 긴 세월 동안 인기를 유지할 수 있었을까?

우선 《손자병법》은 변치 않는 물리적 현상이나 자연현상을 통해 전쟁의 원리를 설명한다는 점을 들 수 있다. 또 작전을 펼 때는 매번 그 상황과 관련된 사람의 심리를 반드시 파악하고 활용하라고 가르치고 있다. 이 때문에 몇천 년이 흐른 지금도 손자의 병법이 변함없이 받아들여지는 것이다.

여기서 필자가 특히 강조하고 싶은 부분은《손자병법》의 적용 범위다. 병법서지만 비단 군사적인 분야뿐 아니라 경쟁이 있는 모든 곳에서 활용될 수 있는 책이《손자병법》이다. 국가 운영, 기업 경영, 나아가 개인의 인생 전략을 세우는 데에도 도움이 된다. 실제로《손자병법》을 탐독하고 저마다의 분야에서 이를 적용함으로써 큰 성공을 거둔 사람들을 역사 곳곳에서 발견할 수 있다. 우선 나폴레옹이 그러했고,《삼국지》에 등장하는 조조도 이 책을 늘 갖고 다녔다고 전해진다. 현대에 들어서는 기업인 중에 마이크로소프트의 빌 게이츠, 소프트뱅크의 손정의 회장이 대표적이다.

《손자병법》의 핵심을 체득함으로써 따라오는 장점은 크게 세 가지로 요약해볼 수 있다.

첫째, 통합적 사고가 길러진다.《손자병법》은 세세한 부분도 중시하지만, 특히 전체적인 그림을 강조한다. 전쟁의 모든 스펙트럼을 총망라하고 있으므로 책을 읽다 보면 자연스럽게 종합적 사고 능력이 자라게 된다.

둘째, 대단히 적극적인 태도가 길러진다.《손자병법》은 방어보다는 공세에 방점을 둔 책이다. 140여 개 나라가 생존을 걸고 다투는 상황에서 방어적으로만 나라를 운영했다가는 하루아침에 망할 가능성이 있다. 그래서《손자병법》에는 힘을 키우고 타국을 공격하여 병합하고, 확장해가는 방법들이 주로 기술되어 있다. 또한《손자병법》은 최선이 아니면 차선을 택하고, 차선도 안 된다면 차차선이라도 행하라고 끊임없이 강조한다. 이를 통해 주어진 상황을 수동적으로 받아들이고 포기하기보다는 새로운 여건을 만들어서 문제를 극복하는 적극적인 자세를 배울 수 있다.

셋째, 손자의 지혜로운 계책들을 통해 문제 해결 능력이 배양된다. 어떠한 문제가 닥쳐도 현명하게 해결해낼 수 있다는 자신감을 얻게 된다. 전략적으로 대응하는 자세가 익숙해지면 한 치 앞을 알 수 없는 미래도 두렵지 않을 것이다.

이런 이유로 필자는 독자들이 《손자병법》을 반복해서 읽고 또 읽으면 좋겠다. 이를 통해 성과를 발휘하는 조직을 만들고, 행복한 리더십을 발휘할 수 있기를 바란다. 아울러 개인의 삶도 좀 더 행복해질 수 있기를 바란다. 이 모든 일이 실제로 《손자병법》을 읽음으로써 가능해진다고 필자는 확신한다.

《손자병법》 6,109자의 힘

《손자병법》은 총 13편으로 구성되어 있다. 읽을 때마다 새로울 만큼 간결하면서도 많은 함의를 담고 있다. 각각의 편이 하나의 완성된 글이면서 동시에 전체 속에서 일부분으로 조화를 이룬다. 숲과 나무를 함께 그리고 있다고 할 수 있다. 본문을 읽기 전에 각 편의 내용을 요약해 소개하면 다음과 같다.

제1편 〈시계始計〉

'시계始計'는 '시작 혹은 근본적인 계책'이란 의미다. 〈시계〉 편은 《손자병법》 전체 13편의 총론이고 기초라고 할 수 있다. 전쟁을 결심하기 전에 어떻게 해야 하는지를 말하고 있다. 먼저, 도천지장법道天地將法을 소개하고 이 다섯 항목으로 국력과 군사력을 배양해야 한다고 말한다. 그리고 일곱 가지 요소를 제시하고 이를 적국과 비교해 승산이 있으면 전쟁을 하고, 승산이 없으면 전쟁을 해서는 안 된다고 적고 있다. 전쟁할 때도 14가지 기만과 교란책을 사용해 쉽게 이길 수 있는 여건 조성을 먼저 해야 함을 강조한다.

제2편 〈작전作戰〉

'작전作戰'에는 전쟁을 할 때의 문제점과 이를 극복하는 방법이 제시되어 있다. 전쟁을 하면 엄청난 비용이 소요되므로 이를 감당할 수 있는 경제적 능력이 뒷받침되어야 한다. 또 전쟁을 오래 하게 되면 막대한 희생과 경제적 손실이 따르기 때문에 단기전으로 끝내야 한다. 이에 속전속결을 강조하고 있다. 전쟁 시 소모되는 예산문제를 해결하기 위해서는 현지 조달과 적 자원을 탈취하여 활용하는 전략을 구사해야 한다. 전쟁의 폐단과 성공의 요체를 아는 자만이 국가 안위를 책임질 수 있다고 설명하고 있다.

제3편 〈모공謀攻〉

'모공謀攻'이란 '교묘한 책략으로 적을 굴복시킨다'는 뜻이다. 전쟁의 스펙트럼으로 벌모伐謀, 벌교伐交, 벌병伐兵, 공성攻城 등 네 가지를 제시한다. 손자는 이 중 적의 마음을 변화시켜 굴복시키는 벌모를 최상으로 보았다. 이를 달성하는 교묘한 방법을 '모공지법謀攻之法'이라 한 데서 편명이 유래하였다.

벌교는 외교관계를 끊어 굴복시키는 것이고, 벌병은 적의 군사력을 쳐 굴복시키는 것이며, 공성은 성을 공격하는 것이다. 벌모와 벌교는 싸우지 않고 이기는 것이며 벌병과 공성은 싸워서 이기는 것이다. 그리고 승리하기 위한 5원칙인 지승유오知勝有五를 제시한다. 《손자병법》에서 가장 유명한 문구인 '지피지기知彼知己 백전불태百戰不殆'에 관해서도 명쾌히 설명하고 있다.

제4편 〈군형軍形〉

'군형軍形'이란 '적과 아군이 서로 대치한 가운데 전투력을 배치하는 것 혹은 배치된 상태와 편성, 태세' 등을 총괄적으로 의미한다. 적이 전쟁을 할지 안 할지는 적에게 달려 있지 않고 나에게 달려 있다. 내가 강한 형을 만들고 대비 태세가 잘되어 있으면 감히 적이 전쟁을 하지 않을 것이고, 내가 약한 형을 이루고 대비 태세가 허술하면 적은 전쟁을 하면 승산이 있겠다는 유혹을 받게 된다.

강한 군을 만들기 위해서는 우선 '도량수칭승度量數稱勝'을 해야 한다고 말하고 형과 세에 관해 자세히 설명한다. 여기서 형形은 힘의 정적인 상태, 세勢는 힘의 동적인 상태이다. 이 〈군형〉 편에서는 적보다 압도적이고 우월한 형을 조성하여 승리의 조건을 만들어야 함을 강조하는데 제5편 〈병세兵勢〉와 연관해 이해해야 한다. '이겨놓고 싸운다'라는 문구로 잘 알려진 '선승이후구전先勝而後求戰'에 관해서도 자세히 설명하고 있다.

제5편 〈병세兵勢〉

'병세兵勢'란 '힘이 움직이는 기세'이다. 즉, 축적된 힘이 모든 것을 휩쓸어버릴 것 같은 맹렬한 기세로 적에게 가해지는 동적인 상태를 말한다. 세勢를 형성해 군대를 큰 물줄기처럼 몰아가는 것이다. 이 〈병세〉 편은 육성된 국력과 전투력을 바탕으로 잘 갖추어진 태세로 적을 깨뜨리는 위력을 설명하고 있다.

중심 주제는 어떻게 하면 강한 세를 만들 수 있느냐이다. 그래서 이 편은 〈군형〉 편 및 〈허실〉 편과 연계되어 있다. 강력한 세로 적이 대비되지 않는 약한 지점에 몰아쳐야 한다는 것이다. 그리고 세를 운용할 때 정공법正攻法과 기책奇策을 조화롭게 운용해야 쉽게 승리한다고 강조한다.

제6편 〈허실虛實〉

'허실虛實'이란 '허한 것과 실한 것'을 말한다. 당唐 태종은 〈허실〉 편이 《손자병법》 중에서도 백미라 손꼽았다. 적이 대비하고 있는 곳이 실한 부분이고, 적이 대비하지 않는 곳이 허한 부분이다. 이 편의 중심 주제는 적의 실한 곳을 피하고 허한 곳을 타격한다는 피실격허避實擊虛와 주도권 확보다. 주도권을 확보하기 위해서는 적이 대비한 실한 곳은 피하고 적이 대비되지 않고 예상하지 못한 곳으로 나아가야 한다. 적을 허실의 관점에서 파악하여 적의 허한 곳을 공격하면 바위로 계란을 치듯 쉽게 이길 수 있다고 하였다.

제7편 〈군쟁軍爭〉

'군쟁軍爭'이란 '군대를 사용하여 승리를 얻는다'는 뜻이다. 전투에서 이기기 위한 전략으로 6편까지는 전투 시행 전에 명심해야 할 전제조건들을 설명했고, 이 7편부터는 실제 전장에서 적과 마주하여 전투력 운용을 어떻게 해야 할지를 설명하고 있다.

군사력 운용 시 적이 대비한 곳을 피하고 대비하지 않은 허한 쪽으로 돌아가는 우직지계迂直之計, 또 위기를 기회로 바꾸는 전략인 이환위리以患爲利의 용병술을 발휘해야 한다. 그리고 부대의 사기와 지휘관의 마음이 중요하므로 적 지휘관의 마음을 흔들어놓고 적의 사기를 저하시켜야 쉽게 이긴다고 설명하고 있다.

제8편 〈구변九變〉

'구변九變'에서 '구九'는 수의 개념이라기보다는 무궁하고 무한하다는 뜻으로, 구변이란 '상황에 따른 무궁무진한 용병의 변화'를 말한다. 모든 사물에는 이로운 측면과 해로운 측면이 동시에 존재하는데, 이러한 양면성을 잘 이해하고 상황에 맞게 활용해야 함을 강조한다. 이 편의 중심 주제는 임기응변臨機應變이다. 전략가는 원칙을 이해하고 상황에 따라 다양한 전략 전술을 구사해야 한다. 상황에 집중하여 상황 상황에 맞게 전략 전술을 다변화해야 한다. 전투에 임해서 장수가 부대를 위태롭게 하는 다섯 가지 심리인 '장유오위將有五危'에 대해서도 설명하고 있다.

제9편 〈행군行軍〉

'행군行軍'이란 '군대의 행진'을 뜻하나, 여기서는 전쟁터로 기동하면서 고려해야 하는 모든 요소를 설명하고 있다. 군을 전장으로 이동시킬 때는 행군行軍, 숙영宿營, 전투戰鬪, 기동機動 그리고 적정 관찰법을 잘해야 한다고 설명한다. 그러면서 지형별 행군과 숙영 원칙을 자세히 기술하고 있다. 또 적의 징후별 판단법을 30개 이상 제시하고 있으며, 전투 현장에서 규율을 어떻게 유지하고 처벌해야 하는지 설명하고 있다.

제10편 〈지형地形〉

'지형地形'이란 말 그대로 '땅의 형상'으로, 서로 다른 지형 조건에서 지켜야 할 용병 원칙을 설명하고, 지형의 형태를 여섯 가지로 분류하고 각각의 지형별 특징과 활용방법을 제시했다. 그리고 '패병敗兵 6종'을 통해 전투에 패하는 부대 유형 여섯 가지도 제시한다. 그리고 '지피지기 백전불태'를 '지피지기知彼知己 승내불태勝乃不殆'로 다르게 표현했다. 이에 더해 '지천지지知天知地 승내가전勝乃可全'에 관해서도 자세히 설명한다. 적을 알고 나를 알면 승리가 위태롭지 않고, 여기서 추가해 하늘과 땅을 알면 승리는 온전하다고 설명하고 있다.

《손자병법》은 어떤 책인가?

제11편 〈구지九地〉

'구지九地'에서는 크게 군사력을 운용하는 데 아주 중요한 세 가지 요소를 제시한다. 첫째로 지형의 유형·상황별로 어떤 전법을 사용할지를 아홉 가지 전략적 지리와 상황에 따른 용병법으로 상세히 설명한다. 둘째, 우열 상황별 전법을 제시한다. 아군이 유리할 때와 불리할 때 어떻게 용병을 해야 하는지를 설명한다. 셋째, 장병 심리 상태별 전법을 제시한다. 또 지휘관은 중국 상산에 산다는 전설의 뱀 솔연率然처럼 조직을 만들어야 한다고 강조한다. 이 편에서 손자는 군사적 천재들의 용병법은 위의 세 가지를 잘하는 것이며, 이 중 한 가지라도 모르면 군사적 천재라 할 수 없다고 말한다.

제12편 〈화공火攻〉

'화공火攻'이란 '불로 적을 공격하는 전술'을 말하는데 고대 전법 중에서 중요한 특수작전 중 하나였다. 화공과 수공 중 화공을 중시해 별도의 편으로 만들어 설명하고, 수공은 화공과 비교하여 설명한다. 화공의 원칙과 방법을 설명하므로 〈화공〉 편으로 이름을 붙였다. 그리고 뒷부분에 전후처리, 즉 논공행상論功行賞과 개전의 신중성을 강조하고 있다. 전쟁은 신중하게 실시해야 한다. 사사로운 감정으로 해서는 안 된다고 설명하고 있다.

제13편 〈용간用間〉

'용간用間'은 《손자병법》의 마지막 편으로, 정보 활동의 중요성과 필요조건, 과제와 보완법에 관해 기술하고 있다. 정보 활동은 병력 운용과 승패의 핵심 요소다. 따라서 리더는 점괘, 미신과 추리 등 불확실한 것을 기초로 의사결정을 해서는 안 된다. 첩보원을 써서 정확한 정보를 기초로 의사결정을 해야 한다. 이러한 정보 활동에 예산을 아껴서는 안 된다고 말하며 첩보원의 유형 다섯 가지와 그 활용법을 설명한다. 첩보원의 다섯 가지 유형이란 향간鄕間, 내간內間, 반간反間, 사간死間, 생간生間을 말한다. 이들 다섯 유형을 숙지하고 신묘하게 활용을 해야 함을 강조한다. 전쟁의 승패는 정보 활동에 달려 있다. 〈용간〉 편이야말로 《손자병법》의 토대가 되는 중요한 편이다.

싸우기 전에 신중히 계획하라

〈시계〉 편 개요

제1편 〈시계〉는 《손자병법》을 여는 첫째 편으로, 시계는 '시작 혹은 근본적인 계책'이란 뜻이다. 전쟁의 개념에서부터 전쟁을 시작하기 전 무엇을 고려해야 하는지, 또 어떻게 전쟁을 수행해야 하는지 잘 설명하고 있다.

손자는 먼저 전쟁의 개념을 설명한다. 전쟁은 국가의 가장 중요한 문제로 국민이 죽고 사는 문제이자 나라가 망하느냐 존재하느냐가 결정되는 중요한 일이다. 따라서 개전은 신중에 신중을 기해야 한다. 그리고 전쟁 전에 이해득실과 승산의 유무를 철저히 검토해야 한다.

전쟁을 결정하기 전에 국력을 도천지장법道天地將法으로 신장해야 한다. 도천지장법을 5사五事라고 한다. 도道는 임금과 백성이 한뜻으로 뭉치는 것을 의미한다. 천天은 기상과 시기를, 지地는 지형, 장將은 장수의 자질을, 법法은 유형의 전투력을 의미한다. 이 중장수의 자질로 지신인용엄智信仁勇嚴의 다섯 가지 요소를 제시했다. 지신인용엄은 한마디로 리더의 조건과 자질이다.

다음으로 7계七計를 설명한다. 7계는 일곱 가지 비교 요소로 5사를 더 구체적으로 세분한 것이다. 이 7계로 상대국과 국력을 비교해 승산이 있으면 전쟁을 하고, 승산이 없으면 전쟁을 해서는 안 된다고 했다.

또한 전쟁을 하기로 했더라도 끊임없이 승리의 여건을 조성해가야 하는데 그 방법으로 열네 가지를 제시했다. 이 열네 가지를 14궤라 하며 제13편 〈용간用間〉과 연계되어 《손자병법》의 시작과 끝을 이룬다.

제1편 〈시계〉에서는 국력배양 요소와 리더의 조건, 승리 여건 조성 이 세 가지에 대한 핵심 개념을 완전히 체득할 수 있다.

● 전쟁은 나라의 중대한 일이다

孫子曰, 兵者는 國之大事라 死生之地요 存亡之道니 不可不察也니라.
손 자 왈 병 자　국 지 대 사　사 생 지 지　존 망 지 도　불 가 불 찰 야

故로 經之以五事하고 校之以七計하여 而索其情하나니라.
고　경 지 이 오 사　교 지 이 칠 계　이 색 기 정

　손자가 말하였다. 전쟁은 나라의 중대한 일이다. 국민이 죽느냐 사느냐의 문제이고 국가가 존재하느냐 망하느냐의 문제이니 깊이 살피지 않을 수 없다.

　그러므로 다섯 가지 요건[五事]으로써 국력을 배양하고, 일곱 가지 계[七計]로써 비교하여 정세를 파악한 후 전쟁을 할지 말지 결정해야 한다.

● 국력배양의 다섯 가지 요건, 5사

一曰道요 二曰天이요 三曰地요 四曰將이요 五曰法이니
일 왈 도　이 왈 천　삼 왈 지　사 왈 장　오 왈 법

道者는 令民으로 與上同意하여 可與之死 可與之生하여
도 자　령 민　여 상 동 의　가 여 지 사 가 여 지 생

而民不畏危也니라.
이 민 불 외 위 야

天者는 陰陽 寒暑 時制也요
천 자　음 양 한 서 시 제 야

地者는 遠近 險易 廣狹 死生也요
지 자　원 근 험 이 광 협 사 생 야

將者는 智信仁勇嚴也요
장 자　지 신 인 용 엄 야

法者는 曲制 官道 主用也라
법 자　곡 제 관 도 주 용 야

凡 此五者를 將莫不聞이니 知之者勝하고 不知者不勝이니
범 차 오 자　장 막 불 문　지 지 자 승　부 지 자 불 승

다섯 가지 요건이란 첫째는 도道요, 둘째는 천天이요, 셋째는 지地요, 넷째는 장將이요, 다섯째는 법法이다.

도道란 백성들에게 임금과 뜻을 같이하게 하여, 가히 함께 죽기도 하고 살기도 한다. 도가 이루어지면 백성들이 국가를 위해 죽는 위험조차도 두려워하지 않게 된다.

천天이란 음양이라는 초자연적·우연적 요소와 기후(추위, 더위 등) 같은 자연적 요소, 천기·전기天機·戰機의 기회인 사회적·인간적 요소를 말한다.

지地란 거리의 멀고 가까움, 지세의 험하고 평탄함, 지형의 넓고 좁음, 동식물의 살고 못 살고(시간 요소의 영향) 등 지리적 조건을 말한다.

장將이란 장수의 요건으로 지혜, 신뢰, 인애, 용기, 위엄 등이다.

법法이란 군대의 편성, 인사, 수송, 장비, 보급품 등의 요소이다.

대체로 이 다섯 가지는 장수들이 듣지 않았을 리 없으니, 이것을 잘 아는 자는 승리하고 잘 모르는 자는 승리하지 못할 것이다.

● 국력 평가의 일곱 가지 요소, 7계

故로 校之以七計하여 而索其情하나니라.
고　교지이칠계　　　이색기정

曰. 主孰有道며 將孰有能이며 天地孰得이며 法令孰行이며
왈　주숙유도　　장숙유능　　　천지숙득　　　법령숙행

兵衆孰强이며 士卒孰鍊이며 賞罰孰明인가.
병중숙강　　사졸숙련　　상벌숙명

吾以此로 知勝負矣니라.
오이차　지승부의

그러므로 칠계七計로 비교해서 그 정세를 파악해야 한다.

말하길, 임금이 누가 더 도道가 있으며, 장수가 누가 더 능력이 있으며,

천시天時와 지리地理를 누가 더 잘 이용하고 있으며, 법과 명령을 누가 더 잘 시행하고 있으며,

군대가 누가 더 강하며, 장병이 누가 더 잘 훈련되었으며, 상벌이 누가 더 공정하게 행해지는가 등이다.

나는 이것으로써 (상대국과 비교하면) 승부를 알 수 있다.

● 상황에 맞는 임기응변의 조치를 취하라

將聽吾計用之면 必勝이라 留之하고
장 청 오 계 용 지   필 승   류 지

將不聽吾計用之면 必敗라 去之니
장 불 청 오 계 용 지   필 패   거 지

計利以聽하고 乃爲之勢하여 以佐其外니
계 리 이 청   내 위 지 세   이 좌 기 외

勢者는 因利而制權也니라.
세 자   인 리 이 제 권 야

장수가 나의 계를(오사五事와 칠계七計를) 듣고 쓰면 반드시 이길 것이니 나는 머물 것이고, (그러한 사람을 기용할 것이고,)

장수가 나의 계를 듣고 쓰지 않으면 반드시 질 것이니 나는 떠날 것이다. (그와 함께 일할 수 없다.)

계計가 이로우면 이를 듣고 세勢로 만들어 그 계의 외적인 발휘를 도와야 하는 것이니, (계가 이로우면 이를 듣고 세를 잘 만들어 계가 잘 발휘되도록 해야 하고,)

세勢라는 것은 이로울 수 있도록 형세에 맞게 조종(세가 잘 이루어지도록 상황에 따라 임기응변)하는 것이다.

- 전쟁이란 적을 속이는 것이니 여건 조성을 잘해야 한다

兵者는 詭道也라.
병자   궤도야

故로 能而示之不能하고 用而示之不用하며
고   능이시지불능   용이시지불용

近而視之遠하고 遠而示之近하며 利而誘之하고 亂而取之하며
근이시지원   원이시지근   리이유지   란이취지

實而備之하고 强而避之하며 怒而撓之하고 卑而驕之하며
실이비지   강이피지   노이요지   비이교지

佚而勞之하고 親而離之하며 攻其無備하고 出其不意하니
일이로지   친이리지   공기무비   출기불의

此는 兵家之勝이라 不可先傳也니라.
차   병가지승   불가선전야

전쟁이란 속임이 많은 분야다. (즉, 전쟁할 때는 적의 속임수를 통해 여건 조성을 잘하여야 한다.)

그러므로 내가 능하면 적에게 능하지 않은 듯이 보이게 하고,

내가 쓰면서도 적에게는 쓰지 않는 듯이 보이게 하며,

내가 가까우면 적에게 먼 것처럼 보이게 하고,

내가 멀면 적에게 가까운 것처럼 보이게 하며,

적에게 이롭게 해서 적을 유인하고,

적을 혼란하게 하여 이를 취하며,

적이 충실하면 대비하고,

적이 강하면 피하며,

적이 노하게 하여 흔들어놓고,

나를 낮추어 적을 교만하게 하며,

적이 편안하면 힘들게 하고,

적이 서로 친하면 이간시키며,

적이 대비가 없는 곳을 공격하고,

적이 뜻하지 않는 곳으로 나아가니,

이것이 병법의 승리 비결이니, 먼저 전파 또는 전수될 수 없는 것이다.

(말로 가르칠 수 없고, 상황에 따라 다양하게 적용해야 한다.)

● 전쟁의 승산을 따져야 승부를 안다

夫 未戰而廟算勝者 得算多也요
부 미 전 이 묘 산 승 자 득 산 다 야

未戰而廟算不勝者 得算少也라.
미 전 이 묘 산 불 승 자 득 산 소 야

多算이 勝하고 少算이 不勝이거늘 而況於無算乎이랴
다 산   승   소 산   불 승   이 황 어 무 산 호

吾 以此觀之하여 勝負를 見矣니라.
오 이 차 관 지   승 부   견 의

대개 전쟁을 시작하기 전에 최고회의의 평가에서 이긴다는 것은 승산이 많다는 것이고,

전쟁 전에 평가에서 이기지 못함은 승산이 적은 것이다.

승산이 많으면 승리하고, 승산이 적으면 승리하지 못하거늘, 하물며 승산이 전혀 없으면 어떠하겠는가.

나는 이것으로써 전쟁의 승부를 미리 알 수 있다.

국가의 힘을 키우기 위해
고려해야 할 도道

부대나 조직을 탁월하게 이끌기 위해서는 어떻게 해야 할까? 2,500년 전《손자병법》의 지혜를 통해 이에 대한 통찰력을 얻어보자.

손자는 국가가 전쟁을 수행하기 위해서는 먼저 국력을 배양하고 이를 적국과 비교해야 한다고 말한다. 비교 후 승산이 있으면 전쟁을 하고 승산이 없으면 전쟁을 해서는 안 된다고 했다. 전쟁은 국가의 존망과 국민의 생명이 달린 중차대한 일이므로 그 결정에 심혈과 전력을 기울여야 한다고 강조한 것이다.

손자는 국력배양의 요소를 다섯 가지[五事]로 정리했는데, 도道, 천天, 지地, 장將, 법法이 그것이다.

첫째 요소인 도道는 국민이 하나 되고 단결된 마음을 갖게 하는 것이다. 이것은 전쟁 시에는 전쟁의 명분이 된다.

둘째 요소인 천天은 음양陰陽, 한서寒暑, 시제時制로 설명할 수 있다.

여기서 음양은 우연적인 요소, 즉 초자연적인 요소를 말한다. 한서는 춥고 더움, 즉 기상을 말한다. 시제는 때, 즉 시기를 의미한다.

셋째 요소인 지地는 원근遠近, 험이險易, 광협廣狹, 사생死生으로 설명할 수 있다. 원근은 멀고 가까움, 험이는 험하고 평탄함, 광협은 넓고 좁음, 사생은 동식물이 살 수 있는가 없는가를 말한다. 사지死地는 부대가 머물러 있으면 점점 불리한 지형이고, 생지生地는 부대가 머물러 있으면 점점 강해지는 지리적 여건을 뜻한다.

넷째 요소인 장將은 장수의 능력이다. 손자는 지智·신信·인仁·용勇·엄嚴을 갖춰야 진정한 리더, 진정한 장수라고 보았다. 지는 지혜와 지략을 의미하고, 신은 신뢰, 인은 인애, 용은 용기, 엄은 엄격함을 뜻한다.

5사 중 마지막 다섯 번째 요소인 법法은 곡제曲制, 관도官道, 주용主用으로 설명된다. 곡제는 편성과 지휘통신이며, 관도는 직제와 도로 수송, 주용은 장비와 보급 및 전쟁 지속력을 말한다.

가장 탄탄한 도를 이루라

'도'라는 단어는 우리 일상생활에서도 많이 쓰이고 있다. 우리는 흔히 "정도를 걸으라"고 말하기도 하고, "도를 넘지 말라"고도 한다. 인문학에서도 도는 사람이 마땅히 지켜야 할 이치로 보고, "도가 아니면 가지 말라"고 말한다. 운동경기인 검도, 유도, 태권도 등에서도 '도' 자를 쓴다. 이와 같이 도는 여러 의미로 사용되는데, 손자가 말한 도란 과연 무엇일까?

손자는 국가 전체에 도가 있으면 백성들이 임금과 나라를 위해 목숨까지도 바칠 수 있다고 하였다. 손자가 말하는 도란 임금과 백성이 한뜻으로 뭉쳐 단결하는 것을 의미한다. 단순한 단결이 아니라 뜻을 같이하는 단결이다. 혼연일체를 말한다. 이렇게 단결하면 위기 시에 임금과 백성은 같이 살고 같이 죽을 수도 있는 운명공동체가 된다.

손자의 도는 요즘 식으로 말하면 정치 지도자의 비전 아래 국민이 하나로 단결하는 것이다. 그리고 전쟁을 할 때나 어떤 일을 추진할 때 대의명분 아래 전 국민이 하나로 뭉치는 것을 의미한다.

1997년 IMF 외환위기라는 경제적 위기상황에 직면했을 때, 우리 국민이 보여준 금 모으기 운동은 이러한 도가 잘 구현된 사례다. 정치 지도자부터 온 국민이 너나 할 것 없이 하나로 단결했다. 각 가정에서 귀중하게 간직하고 있던 결혼반지나 아이의 돌 반지까지도 기꺼이 내놓았다. 이러한 우리 국민의 단합된 모습은 세계를 놀라게 했다. 이러한 노력으로 대한민국은 놀랄 만큼 빨리 외환위기를 극복할 수 있었다.

이러한 도가 이루어지기 위해서는 전제조건으로 지도자에 대한 국민의 신뢰가 바탕에 깔려 있어야 한다. 국민이 지도자를 신뢰할 수 있으려면 지도자는 비전, 도덕성, 능력을 갖추고 있어야 한다.

도는 국가 간 전쟁에서도 큰 영향을 미친다. 도가 없으면 전쟁에서 승리하기 어렵다. 전쟁에서의 도는 전쟁의 대의명분이 명확해 전 국민이 뭉쳐서 지원하는 것을 말한다. 국민이 하나로 단합을 해도 전쟁에서 승리하기 어려운데, 하물며 국민이 분열되면 어떻겠는가? 결국 국가의 최고 안보는 국민의 단합된 마음이다. 국가의 운명을 걸고 수행하는 전쟁에서 도를 이루는 것은 정말로 중요하다.

베트남전 vs. 걸프전

미국은 베트남전에서 압도적인 군사력에도 불구하고 승리하지 못하고 철수했다. 그리고 남베트남은 미군 철수 후 2년 만에 북베트남의 공격에 패하여 공산화의 길을 걷게 됐다. 그때 미국은 종이호랑이라는 조롱을 받기도 했다. 그렇지만 미국은 이후 20년도 채 지나지 않아 중동에서 수행한 걸프전에서는 대승을 거두며 명실상부 세계 최강국임을 세계인에게 확인시킨다. 베트남전과 걸프전, 두 전쟁에서 미국이 낸 결과는 너무나 달랐다. 이유는 무엇일까? 먼저 베트남전이 일어나게 된 배경부터 살펴보자.

당시 베트남은 한반도처럼 남과 북으로 나뉘어 남베트남에는 자유민주주의 국가가, 북베트남에는 공산주의 국가가 들어서 있었다. 이런 상황에서 북쪽에 있던 공산주의 진영의 호찌민은 남베트남을 공산화하기 위해 수시로 공격을 했다. 그리고 남베트남에는 베트콩이라는 게릴라 세력이 존재했다. 자체적으로 남베트남 정권을 무너뜨리고 공산화를 꾀하는 세력이었다. 호찌민은 이러한 베트콩 세력을 지원했고, 베트콩들은 남베트남 사회를 혼란시켰다.

상황이 이러하다 보니 미국으로서는 남베트남이 공산화될 것에 대한 우려가 커졌다. 이 무렵 한 국가가 공산화되면 도미노가 무너지듯 인접 국가들이 연달아 공산화될 가능성이 크다는 도미노 이론이 유행하고 있었다. 미국은 남베트남이 공산화되면 동남아시아 여러 나라가 모두 공산화의 길을 걷게 될 것을 우려해 1964년 베트남전 참전을 결정했다.

미국은 압도적인 군사력을 투입했다. 그리고 미국을 중심으로 한국,

오스트레일리아, 뉴질랜드, 태국, 필리핀 등 여러 나라가 참전해서 미국과 함께 공산주의 진영과 싸웠다. 개전 초에는 미국이 우위를 보이기도 했지만 차츰 상황이 나빠졌다. 미국은 전선을 두 곳에서 유지해야 했는데 우선 북베트남의 정규군과 전쟁을 벌여야 했고, 남베트남에 자생하며 북베트남으로부터 지원을 받는 베트콩과도 전쟁을 해야 했다. 사실 어떻게 보면 미군에는 베트콩의 공격이나 게릴라전이 더 큰 위협이었다. 베트콩들은 낮에는 일반 주민과 똑같이 농사를 짓거나 일상 업무를 하다가 밤에만 게릴라로 활동을 해서 일반 주민들과 이들을 구분하기가 어려웠기 때문이다.

그러던 중 1968년 1월 30일, 북베트남 정규군과 베트콩들이 대대적으로 남베트남 정부기관과 군부대, 미군 부대를 공격해왔다. 베트남의 최대 명절인 구정이었다. 남베트남 주민들은 가족과 함께 즐거운 시간을 보내고 있었고, 남베트남 군인들도 휴가를 나가 방비가 허술했다. 미군 역시 베트남 최대 명절을 맞아 긴장을 풀고 있었다.

이러한 허점을 노려 북베트남군과 베트콩 세력은 동시다발적으로 사이공에 있는 미 대사관, 남베트남의 대통령궁을 공격했다. 이때 많은 미군이 다치거나 희생되었다. 특히 남베트남 수도에 있는 미 대사관이 베트콩에 점령당하고(사실 미 대사관을 베트콩들이 완전 점령을 한 것은 아니지만 미 대사관 영내까지 들어와 공격하는 베트콩의 모습이 방영되면서 미국인은 미국 대사관이 점령당한 것으로 인식하였다.) 미군들이 죽고 성조기가 불타는 장면이 언론에 보도되면서 미국 내 여론이 격화되었다.

많은 예산과 미군 병력이 베트남전에 투입되었는데도 남베트남 수도에 있는 미 대사관까지 공격받는 최악의 상황이 된 것을 두고 미군에 대한 미국 국민의 분노와 불신은 커져만 갔다. 또 베트남전에서 승리할 가능성이 적다는 생각을 갖기 시작했다. 그러자 미국 내의 반전 여론이 더욱 높아지고 베트남에서 미군을 철수해야 한다는 목소리가 치솟았다. 왜 이렇게 전쟁이 장기화하고, 왜 이렇게 많은 미군이 죽어야 하느냐에 대한 의문이 제기된 것이다. '구정 공세'가 미국 내 반전 여론과 베트남전 철수 여론의 분수령이 되었다.

반전 여론이 들끓자 미군은 베트남전에 필요한 조직적인 지원을 받지 못하게 되었다. 1973년 미군은 베트남에서 완전히 철수했다. 미군이 철수하고 2년 후 남베트남은 북베트남에 의해 공산화되었다.

베트남전 당시 미국에서는 도道가 잘 이뤄지지 않았다. 먼저 국제사회의 지지가 부족했다. 이때만 해도 세계는 공산 진영과 자유 진영 둘로 나뉘어 있었다. 미국은 자유 진영의 전폭적인 지지를 받아야 했는데, 유럽의 자유민주주의 국가들은 미국의 참전 요구를 거절할 만큼 이 전쟁에 관심이 적었다. 아시아의 일부 국가들만 참전했을 뿐이다. 또 전쟁이 장기화되면서 미국 내 반전 여론이 극렬해졌다. 하는 수 없이 미국은 남베트남을 포기하고 철수할 수밖에 없었다.

반면, 1991년의 걸프전 사례를 보면 전혀 다른 결과를 가져온 것을 볼 수 있다. 1990년 8월 2일, 중동에서의 맹주를 꿈꾸던 이라크의 사담 후세인이 쿠웨이트를 하루 만에 완전히 점령했다. 이에 유엔 안보리에서는 이라크를 침략국으로 간주하고 즉각 쿠웨이트에서 철수하라고 경고했다. 하지만 후세인은 이를 거절한다. 국제사회는 즉각 반발했다. 이대로 가면 후세인이 중동의 맹주가 되어 중동 산유국을 마음대로 조정하는 상황이 오기 때문이었다. 그렇게 되면 국제 경제는 위기의 소용돌이에 휘말릴 터였다. 이에 미국은 국제적인 여론을 조성해 34개 국가가 참여한 다국적군과 함께 이라크를 상대로 전쟁을 시작한다. 이때 우리나라는 수송기를 지원하는 형식으로 참전했다. 전쟁은 1991년 1월 17일부터 2월 28일까지 계속되었다. 그 경과를 복기해보자.

먼저 노먼 스워츠코프 장군을 총사령관으로 한 다국적군은 기동전을 하지 않고 1,000시간, 즉 약 36일 동안 화력으로만 이라크의 중심부와 군사시설을 타격해 이라크군을 거의 마비시켰다. 이후 지상군을 투입해 100시간, 나흘 만에 압도적인 우승을 거머쥔다. 이라크를 쿠웨이트로부터 축출하는 데 성공한 것이다. 다국적군은 이라크군이 무력화되어 더는 그 주변국인 쿠웨이트나 사우디아라비아에 위협이 되지 않는 상태까지 만든 후 전쟁을 종결했다.

이때 미국은 도를 잘 이뤘다. 먼저 미국 내에서 90퍼센트 이상의 국민적 지지가 있었다. 전쟁에 대한 대의명분이 확고했으므로 미국 국민은 이 명분 아래 하나로 뭉쳤다. 게다가 국제적인 지지도 압도적이었다. 소련은 붕괴하고 있었고 동유럽의 많은 공산주의 국가도 마찬가지로 붕괴하고 있었다. 이들은 자국 문제로 이라크전에는 신경 쓸 여력이 없었다. 또 중동의 석유가 중요하다 보니 자유민주주의 진영뿐 아니라 공산주의 진영에서도 이라크의 후세인이 쿠웨이트에서 축출되길 바라고 있었다. 중동이 혼란에 빠지면 유가가 급등하고 그러면 각국 경제에 악영향을 미칠 것이 분명했기 때문이다. 특히 중동 가까이 있는 사우디아라비아나 중동 여러 나라의 지지가 있어 전쟁을 위한 군사기지를 만드는 데 도움이 되었다. 이렇게 도가 잘 이루어진 것이 미국이 걸프전에서 승리할 수 있는 큰 요인이었다.

기업의 성패는 도에 달려 있다

기업이라고 예외일까? 기업도 CEO를 비롯한 전 구성원이 공통의 비전이나 미션 아래 하나로 뭉치고 단결할 때 우수한 기업으로 발전할 수 있다. 그렇다면 기업에서의 도는 어떻게 세워야 할까?

우선 미션은 그 조직의 존재 이유를 설명하는 것이고, 비전은 중장기적으로 미래로 가는 방향을 설명하는 것이다. 즉, 미션은 '우리가 존재하는 이유가 무엇인가?', '누구를 위해 존재하는가?', '고객이나 소비자에게 무엇을 제공하는가?' 등 근본적인 물음에 대한 답이다. 그와 달리 비전은 이를 기초로 한 중장기 미래상이라 볼 수 있다. 미션과 비전은 기업의 문화와도 직결된다.

세계적인 기업들의 미션과 비전을 살펴보자. 애플의 비전은 '사람들에게 힘이 되는 인간적인 도구들을 제공하여 우리가 일하고 배우고 소통하는 방식을 바꾼다'는 것이다. 페이스북은 '세상을 더 가깝게 만드는 것'이고, 구글은 '세상의 정보를 조직해서 누구나 쉽게 접근하고 사용할 수 있게 하는 것'이다. 아마존은 '지구상에서 가장 고객 중심적인 회사로, 사람들이 온라인에서 구매하고자 하는 모든 것을 찾을 수 있는 곳'을 지향하고 있다.

그렇다면 어떻게 해야 비전과 미션을 잘 만들 수 있을까? 비전이나 미션은 짧고 외우기 쉬워야 하며 그 안에 기업의 정체성을 정확히 포함하고 있어야 한다. 또 조직의 비전과 조직원 개개인의 비전이 일치하도록 하는 것도 중요하다. 기업의 이익만 생각하는 이해 타산적인 비전보다는 소비자나 고객, 더 나아가 인류 전체를 생각하는 비전이라야 모두

가 공감하고 공유할 수 있다. 그래야 사람을 끌고 갈 힘이 생긴다. 즉, 비전 속에 이타적인 개념이 포함되면 좋다. 기업의 이익만을 위한 비전과 미션을 가진 기업이라면 조직원들이 뭉치는 힘이 약할 수밖에 없다.

기업의 개별사업에 관해서는 그 개별사업에 대한 대의명분을 잘 잡는 것이 중요하다. 대의명분을 세우고, 이를 이해시키고, 공감대를 형성해 단결한 가운데 일을 진행해야 한다는 의미다.

도를 잘 실천한 소프트뱅크의 손정의 회장

소프트뱅크는 도, 즉 비전과 미션을 잘 세우고 그 비전과 미션 아래 전 직원을 단결시켜 성공한 기업 중 하나다.

손정의 회장은 소프트뱅크 창립 30주년을 맞은 2010년에 '향후 30년 비전 발표회'를 열어 회사의 새로운 비전과 미션을 세상에 알렸다. 당시 손 회장은 이 비전을 만들기 위해 1년 동안 전 사원 2만 명의 모든 의견과 트위터 이용자들의 의견을 종합하여, 향후 30년 비전이라는 형태로 행사장에서 직접 발표했다. 해당 비전에는 소프트뱅크가 추구할 향후 30년간의 이념과 비전, 전략이 구체적으로 명시되어 있었는데, 바로 '정보혁명으로 사람들을 행복하게'가 그것이다.

이후 손정의는 "아이폰, 아이패드, 스마트폰, 그 어느 것도 가지고 있지 않은 사람들은 오늘부터 인생을 회개하기 바랍니다. 이미 시대에 동떨어져 있습니다"라며 정보혁명의 중요성과 이를 위한 정보기기 활용의 필요성을 강조했다. 아이폰과 아이패드 같은 정보기기를 과거 무사들이 몸에 지니던 짧은 칼과 긴 칼 두 가지에 비유하며 현대 비즈니스인들의 필수 장비라고 역설했다. 나아가 손 회장은 아이폰 또는 아이패드, 스마트폰 중 어느 한쪽만 가진 상태에서는 전투에서 패배할 수밖에 없고, "정보가 무기인 현대 사회에서 기업 전사들은 무사의 두 가지 칼처럼 두 가지 단말기를 몸에 지니고 있어야 한다"고 강조하며 전 세계 약 2만여 명에 이르는 소프트뱅크의 전 직원들에게 아이폰과 아이패드를 무상 지급 및 대여한다. 그러고는 사내에서 모든 종이 문서를 없애고 전자문서 체제로 바꾸는 페이퍼 제로 운동을 도입한다. 이러한 과정을 통해 소프트뱅크는 비전과 미션을 전 직원들과 함께 구체화하고 실현해가고 있다.

이렇게 남다른 비전을 통해 기업을 이끌어가고 있는 손 회장은 《손자병법》의 애독자로도 유명하다. 그는 젊은 시절 큰 병에 걸려 병원에 입원해 있을 때 읽은 《손자병법》에서 14자를 엄선하고, 거기에 본인이 직접 11자를 더해 총 25자로 구성한 일종의 사업 전략인 '제곱법칙'을 만들었다. 이 역시 그의 비전을 구성하는 주요한 방법으로 사용하고 있다고 한다.

손정의 회장은 이렇게 비전과 미션을 명확히 하고 전 직원들과 공유하면서 회사를 이끌어 세계적인 기업을 만들었다. 소프트뱅크는 일본 내 시가총액 톱(TOP) 3 안에 드는 통신사, IT 기업, 투자회사다.

개인이 도를 세우는 법

개인이 도를 세우는 것도 중요하다. 먼저, 자신에 대한 비전을 잘 세울 필요가 있다. 비전은 꿈 너머 꿈이다. 어린이들에게 꿈을 물으면 장차 "유튜버, 연예인, 의사, 변호사, 장군, 국회의원, CEO 등이 될 것이다" 등 무엇이 되고 싶은지 말하는 것이 보통이다. 그런데 사실 비전은 그 꿈을 이룬 후 무엇을 할 것인가가 되어야 한다. "유튜버가 돼서 세상에 선한 영향력을 끼치겠다", "의사가 되어서 질병 없는 사회를 만들어보겠다", "변호사가 되어 억울한 사람을 도와서 살기 좋은 사회를 만들어보겠다" 등이 꿈 너머의 꿈이고 비전이다.

또 자기 직업에 대한 도를 세워야 한다. 직업에 대한 도를 세운 사람과 그렇지 않은 사람은 업무의 만족도나 효율성에서 차이가 난다. 도를 세우면 사명감이 생기고 일에서 행복감을 느끼며 업무의 효율도 올라간다. 아울러 대인 관계에서도 도를 세우는 것이 좋다.

친분 있는 사람들과 즐기는 테니스 경기를 예로 들어보자. 테니스의 프로선수라면 그의 첫 번째 도는 이기는 것일 테다. 하지만 테니스를 동아리 활동이나 취미활동으로 하는 경우 이기는 것에만 주안을 두다 보면 게임은 이기더라도 인간관계가 안 좋아지는 경우가 있다. 예를 들면 6 대 0처럼 너무 큰 차이로 이긴다면 상대방은 자존심이 상할 것이다. 어쩌면 거기서 그치는 것이 아니라 인간관계마저 서먹서먹해질 수 있다. 그러니 테니스를 칠 때 첫 번째 도로 '어울리는 것', 두 번째 도로 '운동을 많이 하는 것', 세 번째 도로 '그래도 이기면 좋다' 정도로 두면 어떨까. 물론 이러한 도의 구체적인 내용은 자신이 가진 가치관이나 어울리는 사람에 따라 달라질 수 있다. 나의 경우 이런 도의 순서가 상당히 유익했다. 점수에 연연하기보다는 경기 그 자체를 즐길 수 있었고 6 대 4나 타이브레이크로 이긴다면 훨씬 더 운동도 많이 하고 상대방의 감정도 상하지 않게 경기를 즐길 수 있었다.

이렇듯 일상의 작은 일에도 도를 세우면 자신이 원하는 것이 명확해진다. 좀 더 나아가 원하는 것에 가까워지고 융통성 있게 일에 대처할 수 있다. 손자가 말한 도는 국가 운용은 물론 특정 조직이나 개인의 인생에도 적용할 수가 있다. 독자들도 각자 인생에서의 도를 돌아보고 명확한 도를 세워보는 것이 어떨까?

성공의 도는 멀리 있지 않습니다. 오늘 자신의 비전을, 조직의 비전을, 국가의 비전을 세워보세요!

리더로 성장하는 전략, '지신인용엄'을 키우라

리더가 될 것인가, 팔로워로 남을 것인가?

어느 직책이나 위아래로 사람이 있다. 누구나 리더이면서 팔로워다. 현재는 말단 직원이라도 시간이 흐르면 후배를 이끄는 역할을 맡게 된다. 친구들 사이에서나 혹은 형제자매 관계에서 앞장서 이끄는 역할을 맡으면 그것도 리더라 할 수 있다.

그런데 리더십의 개념은 시대가 흐름에 따라 변화해왔다. 예전 농업시대나 산업화시대 때는 리더십이 조정경기와도 같아서 리더 한 명의 지시로 모두가 일사불란하게 움직였다. 리더와 팔로워의 구분도 명확했다. 하지만 정보화시대로 오면서 리더십 양상도 복잡해졌다. 리더와 팔로워가 역할을 바꾸거나 두 역할을 동시에 하는 경우도 있다. 어떤 때는 팔로워가 리더 역할을 하기도 한다. 최근의 이런 리더십은 래프팅할 때와 비슷하다. 래프팅을 할 때 일단은 리더의 지시에 따라 움직이지만, 장애물을 만나면 그 장애물 쪽의 구성원이 리더 역할을 수행하며 어려움을 극복한다. 이처럼 현대에는 자기가 맡은 일에서는 누구나 리더다. 자신이 일의 과정을 디자인하고 직접 이끌어갈 수 있어야 한다. 지금은 조직의 리더만이 아니라 누구라도 리더십을 잘 알고 실천할 필요가 있는 시대인 것이다.

손자는 국력이 배양되려면 훌륭한 장수와 리더가 많아야 한다며, 훌륭한 리더의 자질로 다섯 가지를 제시했다. 바로 지智, 신信, 인仁, 용勇, 엄嚴이다. 지는 지혜와 지략을 의미하고, 신은 신뢰, 인은 인애, 용은 용기, 엄은 엄격함을 뜻한다.

하나, 지智

지智는 지혜이면서 지략을 의미한다. 우리가 통상 아는 지식과는 차이가 있다. 지식은 여러 가지로 정의를 내릴 수 있겠지만 인류 문명이 발달하면서 발견된 현상이나 원리를 말한다. 반면에 지혜는 그러한 원리를 현상세계에 적용하는 능력이다. 사물의 이치를 깨닫고 사태를 정확하게 처리하는 정신적 능력이다. 이는 통찰력, 문제해결 능력이라고도 볼 수 있다.

지식은 하나하나 쌓여간다고 표현하고 지혜는 열린다고 표현한다. 학교에서 열심히 공부해서 쌓아가는 것은 지식이다. 그럼 지식이 많다고 지혜로울까? 지식이 아무리 많아도 현실 생활에 적용하지 못한다면 무용지물이다. 지혜로운 사람은 자신이 알고 있는 것들을 현실세계에 잘 적용하는 사람이다. 이렇게 되려면 현장과 책 속을 넘나들며 원리를 완전히 터득하는 게 필요하다. 실제로 한 분야의 고수들, 창의력을 발휘하는 사람들을 보면 지혜로운 경우가 매우 많다.

역대 리더들이나 전쟁에 승리한 장군들이 공통으로 가졌던 것도 바로 이 지혜다. 서양의 경우 알렉산더나 한니발, 나폴레옹이 대표적이다. 우리나라에서는 을지문덕, 강감찬, 이순신 장군의 경우가 지략이 특히 뛰어났다고 볼 수 있다. 걸프전을 승리로 이끈 미국의 스워츠코프 장군도 지략이 대단히 뛰어난 리더였다. 그러면 이런 지는 어떻게 갖출 수 있을까?

지식을 쌓되 원리를 알려고 노력하자

지혜를 키우기 위해서는 지식을 쌓되 지식의 원리를 알려고 노력해야 한다. 정보화시대로 넘어오면서 지식을 많이 쌓는 것은 의미가 약해졌다. 검색 한 번이면 어떤 분야든 잘 정리된 정보를 얻을 수 있는 시대가 왔다. 그만큼 지식을 쌓는 것보다 지혜로워지는 것이 더 중요해졌다. 무언가를 공부할 때 무조건 암기하려 하지 말고 원리를 이해하려고 노력하다 보면 지혜로워질 수 있다. 단순한 암기보다는 사물을 관통하는 원리를 깨치려고 노력해야 한다.

이론과 실제의 경계에 서자

학교에서 배우고 익힌 뒤 시험을 치르고 평가하는 데만 그쳐서는 안 된다. 그것을 현상세계에 어떻게 적용할지 늘 고민해야 한다. 일을 할 때는 배운 지식을 어떻게 적용할지 의식적으로 고민하면서 해야 한다.

훌륭한 의사가 되는 과정을 통해 지혜를 얻는 방법을 생각해보자. 명의가 되기 위해서는 우선 의과대학에 다니면서 강의실에서 이론을 배우고 암기하는데, 여기서 그치지 않고 실제 환자들에게 어떻게 적용되는지 실습을 통해서도 배운다. 그리고 의사가 되어서는 환자를 진료하면서 유사한 환자들의 사례와 이론을 찾아 연구한다. 치료를 하다 비슷한 사례가 없으면 어떤 치료법을 써야 할지 깊은 고민을 하고, 그런 과정을 반복함으로써 지혜로워져 실력 있는 의사로 성장하게 된다. 노력 없이 자신이 알고 있는 지식이 전부인 줄 알고 계속 머물러 있으면 환자에게도 정확한 진단을 내리지 못할뿐더러 본인도 발전할 수 없다. 지식과 현실, 이론과 실제의 경계에 설 때 좋은 의사가 될 수 있다.

현장으로 나아가 유심히 관찰해 원리를 터득하자

책상 앞에만 앉아 있지 말고 현장에 나가 자세히 따져보고 그 원리를 터득해야 한다. 그래서 격물치지格物致知라고 한다. 현장에서 일어나는 일들을 유심히 관찰해 원리를 깨치는 것이다.

격물치지는 사서삼경 중 하나인 《대학大學》에 나오는 말로, 훌륭한 리더가 되는 방법을 설명한 '8조목八條目'에 보인다. 우리는 리더십을 설명할 때 '수신修身 제가齊家 치국治國 평천하平天下'라는 말을 흔히 인용한다. 그런데 사실 이는 8조목 중 네 가지만을 말한 것이다.

훌륭한 리더가 되기 위해서는 여덟 가지 요소 모두를 알고 실천해야 한다. 이때의 여덟 가지가 '격물格物, 치지致知, 성의誠意, 정심正心, 수

신, 제가, 치국, 평천하'다.

'격물, 치지'는 현장에 가서 사물의 이치를 깨치라는 의미다. 즉, 지혜를 얻으라는 말과 같다. 그리고 '성의, 정심'은 뜻과 마음을 바르게 하라는 의미이고, '수신'은 자신을 수행하라, 즉 자신이 얻은 지혜를 실천하라는 뜻이다. 그리고 '제가, 치국, 평천하'는 가정을 잘 다스리고, 나라를 잘 다스리고, 인류를 평화롭게 하는 것이 리더의 길이라는 말이다.

훌륭한 리더의 길을 말하는 8조목에서 가장 먼저 나오고 기본이 되는 것이 격물치지인 셈이다. 현장에 나가서 사물의 이치를 깨치는 것, 현장에 문제와 답이 있으니 현장에 가서 유심히 관찰하여 원리를 터득하고, 문제를 찾아내고 답을 찾으라는 의미다. 이렇게 하면 문제해결 능력이 생기고 지혜로워질 수 있다.

우리는 잘 안다고 생각되면 현장에 잘 나가려고 하지 않는다. 현장에 가더라도 자세히 관찰하지 않으며 자신이 보고 싶은 것만 잠깐 보고 오는 경향이 있다. 자기 검열과 경계가 필요하다.

문제에 집중하기보다 해결책에 집중하자

어떤 문제가 발생했을 때 사람들은 흔히 문제에만 집중해 부정적인 감정으로 대처하는 경향이 있다. 그러면 당연히 답이 잘 떠오르지 않는다. 지혜의 문을 열려면 어딘가에 반드시 답이 있다는 강한 신념을 가져야 한다. 해결책이 있다고 믿고 고민하다 보면 어느 순간 답이 나오고 엉킨 실타래가 풀리기 시작한다.

우리 경제의 거두였던 고 정주영 회장의 학력은 강원도 송전보통학교 졸업이 전부다. 지금으로 치면 초등학교 졸업이 학력 전부인 셈이다.

현대식 학교를 제대로 다니지 못했다. 그럼에도 현대라는 그룹을 일궈내 세계적인 회사로 성장시켰다. 정주영 회장은 대단히 지혜로운 사람이었다. 정주영 회장이 즐겨 쓴 말은 "이봐! 해봤어?"였다고 한다. 어떤 문제에 봉착했을 때 문제에만 집중하고 부정적인 의견을 내는 직원들에게 늘 하던 말이다. 정주영 회장의 일화를 하나 소개하겠다.

1984년 현대는 김제평야보다 넓은 땅을 만들어낼 서산 천수만 간척사업을 시행한다. 막바지 물막이 공사를 할 때였다. A, B 지구를 잇는 작업을 하는데 마지막 남은 270미터가 문제였다. 초속 8미터의 급류가 생긴 270미터 구간에 물막이를 하기 위해 다양한 시도를 했다. 그러나 흙을 부으면 순식간에 물살에 쓸려갔다. 심지어 4.5톤 자동차만 한 바위도 순식간에 쓸려가 버렸다. 너무나 난감한 상황이었다. 하지만 정주영 회장은 포기하지 않는다. 그리고 마침내 번뜩이는 해결방안을 떠올렸다. 대형 폐유조선을 가져다 놓으면 물살을 막을 수 있을 것 같았다. 정주영 회장이 울산항에 정박시켜 놓은 22만 6,000톤급 초대형 폐유조선 워터베이호를 가져다가 바다에 가라앉혀 물살을 잠재우자는 안을 제시하자 직원들은 모두 반대한다. 문제가 많다고 말이다.

이때 정주영 회장이 그 유명한 말을 한다. "이봐, 해봤어?" 그리고 추진력을 발휘하여 실제로 실행해 보인다. 전 세계적으로 유례없는 정주영식 물막이 공법이다. 1984년 2월 25일 개시된 이 작전은 각고의 노력으로 배를 가라앉히고 물살을 잠재우는 데 성공했다. 이로써 공사 기간이 3년 단축되고 공사비 290억 원이 절감됐다. 문제 상황이 아닌 해결책을 찾는 데 집중했기 때문에 배를 띄우는 것이 아니라 가라앉힌다는 역발상을 떠올릴 수 있었다.

둘, 신信

신뢰는 사람과 사람이 만나서 처리하는 모든 일에 있어서 대단히 중요한 요소다. 신뢰가 형성되면 시간이 절약되고 비용을 절감할 수 있으며 편안해진다. 그런데 만약 신뢰가 없다면?

9·11테러 이후 항공기에 대한 신뢰가 깨지고 어떤 상황이 벌어졌는가? 이전보다 수속시간이 더 걸려서 예전보다 공항에 더 일찍 도착해야 해서 집에서 출발도 서둘러야 한다. 그리고 검색 강화 등 다양한 추가비용이 발생해 비용도 더 들고 불편해졌다.

신뢰는 한 번에 무너질 수 있지만, 이를 세우는 데에는 오랜 시간이 걸리는 소중한 가치다. 리더는 조직원으로부터 신뢰를 잃으면 안 된다. 그렇다면 신은 자연스럽게 생길 수 있는가? 신뢰란 어디서부터 시작해야 할까?

신뢰는 품성과 능력에서 나온다!

우선 품성에서 우러나오는 태도는 늘 공평무사해야 한다. 정약용의 《목민심서牧民心書》에 '불환빈 환불균不患貧 患不均'이라는 말이 나온다. 백성들의 불평불만은 부족함에 있지 않고 불평등과 불공정에서 나온다는 의미다. 좋은 리더는 상을 줄 때나 인사고과, 근무성과를 평가할 때 공정해야 한다. 학연, 혈연, 지연과 관계없이 인재를 공정하게 적재적소에 배치해야 한다.

또 능력이 있어야 신뢰가 생긴다. 능력에 대한 신뢰는 세 가지가 있다. 자기 자신의 능력에 대한 신뢰, 상관의 능력에 대한 신뢰, 자기가 속한 조직의 능력에 대한 신뢰다.

군부대에 초점을 맞춰 설명하면 자기 자신의 능력에 대한 신뢰는 장병 자신이 자신의 능력을 믿는 것이다. 소총 사격 스무 발 가운데 다섯 발밖에 못 맞추는 장병이라면 전쟁 중 적을 보고 숨기 바쁠 것이다. 그런데 열여덟 발 이상 맞추는 특등사수라면 당황하지 않고 적을 조준 사격할 수 있다. 전투 현장에서는 0.1초에 승부가 결정된다. 적과 마주했을 때 누가 먼저 정확히 쏘느냐가 생사를 판가름한다. 적의 결정적인 급소, 머리나 심장을 먼저 쏘지 못하면 그다음 총알은 나를 향해 날아온다. 부대의 전투 능력은 병사들이 가장 잘 파악하고 있다. 전투력이 약하면 혹시 누가 먼저 도망가나 서로 눈치를 볼 것이다. 따라서 상관의 능력에 대한 신뢰가 대단히 중요하다. 전투를 승리로 이끌 거라는 신뢰를 주는 리더라면 장병들은 흔들리지 않고 따를 것이다.

이순신 장군이 백의종군하고 원균이 칠천량 전투에서 대패했을 때 병력도 얼마 안 남고 조선 수군의 배도 12척이 전부였다. 하지만 이순신 장군은 다시 삼도수군통제사로 임무를 받자 조선 수군을 재건하기 위해 남해안을 따라 군사를 모집해간다. 그러자 군인뿐 아니라 민간인도 구름처럼 모여들었다. 이순신 장군은 한 번도 패한 적이 없으므로 이순신 장군한테 가면 살 수 있다는 신뢰가 있었기 때문이다.

이처럼 능력의 신뢰가 중요하다. 능력을 신뢰하기 위해서는 자기 자신의 능력 향상을 게을리해서는 안 된다. 노력이 그만큼 중요하다. 그리고 구성원들의 교육 훈련을 아주 강하게 밀어주어야 한다. 리더가 하급자에게 해줄 수 있는 최고의 복지는 능력을 갖추게 하는 것이다. 이러한 능력은 전쟁 시 서로의 목숨을 지켜준다.

셋, 인仁

인仁은 선善의 근원이자 행行의 기본이며 유교 사상의 핵심이다. 공자는 물이 차면 밖으로 넘쳐 퍼져나가듯 내면의 어짊도 충만하면 반드시 행동으로 표현된다고 했다.

부하들의 배고픔과 노고를 이해하고 동고동락해서 일체감을 유지하는 것이 리더의 사랑이요, 인이다. 사마천의 《사기》에 나오는 오기吳起 장군의 일화는 지휘관의 부하에 대한 애정을 잘 보여준다. 종기가 심하게 나 괴로워하는 병사의 모습을 본 오기 장군은 그 병사의 종기를 직접 입으로 빨아 고름을 빼냈다. 병사의 어머니는 그 사실을 듣고 어찌 된 일인지 장군의 호의를 고마워하기는커녕 슬피 운다. 어떤 사람이 이상히 여겨 물으니 어머니는 이렇게 대답한다.

"바로 전년에 오기 장군께서 그 애의 아버지인 제 남편의 종기 고름을 빨아내 주셨습니다. 그 이후 그 애 아버지는 전쟁에 나가 오기 장군에게 보답하기 위해 적에게 끝까지 등을 보이지 않고 싸우다 죽었습니다. 이번에는 제 아들의 종기 고름을 빨아내었다 하니, 이제 그 애의 운명이 결정되었습니다."

부하를 친자식같이 대하면 부하는 상관을 위해 목숨까지도 바칠 수 있다.

큰 물질적 도움, 혹은 특별한 행동만이 베풂이라고 생각하면 실행이 어렵다. 인은 작은 것부터 실천해보자. 타인에게 미소를 짓는 것도, 말을 경청하는 것도 인을 실천하는 방법이다. 상대가 잘했다면 칭찬하고, 힘들어하면 두 손을 먼저 내밀고 위로와 격려를 해주자. 도울 수 있는 일이 있다면 팔을 걷어붙이고 발로 뛰어 행하자. 무엇보다도 중요한 것은 상대의 마음을 읽고 먼저 나서서 애로사항을 해결해주는 것이다. 작은 배려를 실천하다 보면 자연스럽게 변화되어가는 자신을 보게 된다.

넷, 용勇

용勇은 용기로 기회를 보면 즉시 행동하고 적을 만나면 즉시 싸우는 결단력과 추진력, 두려움 없는 용감성을 말한다. 또 어떤 것에 책임을 지는 일에도 용기가 필요하다. 유능한 장수에게 필요한 용기는 크게 적과 싸울 수 있는 용기, 결심의 용기, 후퇴의 용기이다.

'퍼스트 인First In, 라스트 아웃Last Out'의 태도를 기억하자. 위험하고 힘든 지역에는 제일 먼저 들어가고, 가장 늦게 나온다는 생각으로 구성원을 이끌어야 한다. 위험을 감수하는 일에는 용기가 필요하다. 용기를 갖기 위해서는 자신이 용기 있는 사람이라는 자기 암시가 도움이 된다. 자기 암시를 통해 신념화되어 있어야 순간적으로 용기가 발현된다.

다섯, 엄嚴

엄嚴이란 군을 다스림이 반듯하고 명령 하달을 일사불란하게 하는 것, 즉 군령을 엄정하게 하는 엄격의 요소다. 《명심보감明心寶鑑》에는 엄부출효자嚴父出孝子 엄모출효녀嚴母出孝女라는 말도 있다. 옛말에 할

아버지가 엄하지 않고 손자를 한없이 귀여워하면 할아버지의 수염을 뜯는다고 했다. 할아버지 수염은 할아버지의 권위를 상징한다.

최고로 리더십이 잘 발휘된 상태는 부하가 상관을 바라볼 때 두려워하면서도 가까이 가고 싶은 마음이 생기는 상태, 또 가까이 가면서도 두려운 상태다. 한없이 가까이 가서도 안 되고 너무 무섭기만 해도 효과가 나지 않는다. 앞서 언급한 인仁과 엄嚴을 조화롭게 사용해야 한다. 꼭 지켜야 할 일에는 엄격하되 구성원을 대할 때는 따뜻한 마음을 갖고 대하자. 그리고 자기 자신에게 엄격해야 한다. 천하를 얻는 것보다 자신을 극복하는 것이 더 어렵기 때문이다.

'지신인용엄' 중 가장 중요한 것은?

가장 중요한 것은 지혜다. 모든 덕목은 적절한 점을 찾아야 하는데, 그것을 판단하는 것이 지혜이기 때문이다. 용기는 지나치면 만용이 된다. 엄격도 적절함을 유지하는 것이 중요하다. 이처럼 특정 자질들의 적절한 선을 찾아주는 것이 바로 지혜다.

또 리더는 성과를 내며 조직을 끌고 가야 한다. 비전을 제시하고 문제가 발생하면 해결책을 찾아야 한다. 문제해결의 실마리를 푸는 것도 지혜에서 비롯된다. 인간과 세계의 근본 원리와 본질을 탐구하는 철학도 지혜를 추구한다. 초·중·고등학교 교훈에 지혜란 단어가 가장 많이 들어가 있는 이유도 지혜가 그만큼 중요하기 때문이다. 정예 장교를 양성하는 우리나라 육군사관학교의 교훈도 '지인용智仁勇'으로 첫 글자가 지,

즉 지혜다.

논문 〈명장의 리더십에 관한 연구〉(김병주 외)에 따르면, 역대 명장 40명(동양 명장 20명, 서양 명장 20명)을 선정해서 어떤 자질이 있는가를 분석한 결과 공통점이 있었다. 그들은 하나같이 지혜, 지략이 뛰어났다. 역대 명장 40명은 신체적인 조건이 모두 다르게 나타났다. 키가 큰 명장도 있고 나폴레옹과 같이 키가 작은 명장도 있었다. 성격적 특성도 저마다 달랐다. 그러나 능력 면에서만큼은 공통으로 지략이 뛰어났다는 사실이 두드러졌다.

칭기즈 칸의 지혜

역사상 가장 광대한 제국을 이룬 칭기즈 칸은 자기 이름조차 쓸 줄 몰랐다고 한다. 하지만 대단히 지혜로웠다.

칭기즈 칸의 본명은 테무친[鐵木眞]으로 씨족, 부족 중심으로 흩어져 있던 사회를 하나로 통합해 몽골을 통일하고 자신을 칭기즈 칸으로 명명했다. 그리고 눈을 세계로 돌려서 중국의 금나라와 남송을 점령하고 중동, 멀리는 러시아와 유럽까지 점령했다.

칭기즈 칸은 출신과 종교, 계급과 관계없이 능력과 충성도만 있다면 등용했다. 그가 성공할 수 있었던 이유 중 하나는 그의 주변에 능력 있고 충성심 강한 훌륭한 부하 장수들이 많았기 때문이다.

또 칭기즈 칸은 군대 편성을 획기적으로 개혁했다. 10진법을 기초로 열 명, 백 명, 천 명, 만 명으로 구성하고, 점령지의 군인들도 전폭적으로 받아들였다. 열 명을 전투단위로 편성하고, 그중에 한 명이라도 낙오하면 나머지 인원이 반드시 그를 찾아오게 했다. 열 명 중 한 명이라도 탈영하면 나머지 인원을 모두 처벌했다. 그러니 저절로 단결력이 생겼다.

칭기즈 칸은 부하들을 보는 안목이 탁월했을 뿐 아니라 그들을 이끄는 리더십도 훌륭했다. 또 몽골군이 새로운 적을 만났을 때는 승리 후 그들이 사용한 새로운 전술이나 무기를 흡수했다. 거듭되는 전투를 통해 제국이 넓어질수록 그의 부대는 다양한 무기와 전술로 무장되어 더욱 강해졌다.

예를 들어 공성전을 한다고 하면, 중국인이나 아랍인 공성 기술자를 고용해서 전투를 승리로 이끄는 융통성과 유연함을 발휘했다. 중국에서 화약과 같은 신문명을 받아들였기에 유럽을 제패하는 데도 성공했다. 이처럼 칭기즈 칸은 좋은 것이 있다면 그것이 새로운 무기든 부하의 조언이든 적극적으로 이를 받아들이고 자기 것으로 만들려고 애썼다. 칭기즈 칸의 지혜가 세계 초강대국을 이룬 힘의 원동력이었다.

훌륭한 리더, 유능한 리더가 되고 싶다면 지智, 신信, 인仁, 용勇, 엄嚴을 갖추도록 노력하세요. 그러면 나머지는 저절로 따라올 것입니다.

승리의 여건을 만들라

전쟁은 속임수다. 손자는 '병자궤도야兵者詭道也'라 하였다. 전쟁은 속이는 것이라는 말이다.

손자는 5사로써 국력을 배양하고 7계로써 우열을 비교해서 승산이 있으면 싸우고 승산이 없으면 싸우지 말라 했다. 또 승산이 있을 때 싸우더라도 적을 쉽게 이길 수 있는 세를 만들어야 한다고 했다. 세를 만들기 위해서는 여건 조성을 해야 한다. 손자는 여건 조성을 위한 방법으로 14궤를 제시한다.

궤詭는 속일 궤다. 속인다 하니 거부반응이 이는 독자도 있을 수 있겠다. 하지만 전쟁은 너무나 참혹해서 전투를 최소화할 필요가 있다. 이를 위해서는 적을 속이는 것도 필요하다. 현대의 군사작전에서도 여건 조성 작전이라 해서 적을 기만하거나 교란하는 전략이 포함되어 있다.

여건 조성 방법

여건을 조성하는 방법은 크게 기만과 교란으로 나뉜다. 기만은 적을 속여 적이 효과적인 대응을 할 수 없도록 하는 것을 말한다. 교란은 적의 마음을 뒤흔들어서 어지럽고 혼란스럽게 함으로써 적을 약화시키는 것이다. 손자는 기만의 방법으로 네 가지를, 교란의 방법으로 여섯 가지를 제시한다. 나머지 4궤는 기만과 교란으로 여건을 조성한 후 적과 아군을 비교해 어떻게 행동할지 결정하는 방법을 제시한 것이다.

기만 방책 네 가지

- 능이시지불능能而示之不能은 능력이 있으면서도 능력이 없는 것처럼 보이게 하는 것이다.
- 용이시지불용用而示之不用은 사용하면서도 사용하지 않는 것처럼 보이게 하는 것이다. 예를 들면 용병을 할 작정이 있으면서도 그렇지 않은 것처럼 보이게 만드는 것이다. 용병할 작정을 은폐하고 전의가 없음을 가장한다.
- 근이시지원近而示之遠은 가까우면서도 먼 것처럼 보이게 하는 것을 말한다.
- 원이시지근遠而示之近은 멀면서도 가까운 것처럼 보이게 하는 것이다. 사실은 가까운 것을 노리면서 먼 것을 노리는 것처럼 보이게 만들거나, 전쟁을 결심했음에도 겉으로는 아직도 먼 훗날 전쟁을 할

것처럼 가장해야 한다는 것이다.

이 네 가지 기만 활동을 통해 적이 효과적인 대응을 할 수 없도록 막는다. 이러한 기만 활동은 6·25전쟁 당시 인천상륙작전을 실시할 때 사용됐다. 맥아더 장군은 인천으로 상륙하는 사실을 북한에 감추기 위해 무전으로 군산, 원산, 해주, 포항 등의 거짓 지역을 언급하면서 기만 활동을 펼쳤다. 실제 포항 북쪽에 있는 해변으로 소규모 상륙작전을 하기도 했다. 학도병을 이용한 장사상륙작전이다. 이에 북한의 관심은 포항 쪽으로 쏠리고 상대적으로 인천의 방어에는 소홀해 작전에 성공한다.

교란 방책 여섯 가지

- 이이유지利而誘之는 적에게 이익을 줄 것같이 꾀어서 끌어내는 방법을 말한다. 이이유지는 쥐덫을 생각하면 이해가 쉽다. 덫에 쥐가 좋아하는 미끼를 놓아두면 쥐는 그 미끼를 먹기 위해 덫에 걸려 잡힌다.
- 난이취지亂而取之는 적을 혼란스럽게 해서 이기는 것이다. 혼란하게 만들고, 그 혼란해진 틈을 타 뺏고 싶은 것을 취하는 방법이다.
- 노이요지怒而撓之는 적을 노하게 하여 흔들어서 취하는 방법이다. 적이 노하면 이성적인 판단이 흐려진다. 전쟁사를 살펴보면 적이 성을 굳게 닫고 방어할 때 적을 향해 욕을 퍼부어 적을 노하게 해서 스스로 분을 참지 못하고 성 밖으로 나오게 하는 방법이다.

- 비이교지卑而驕之는 저자세로 나아가 적을 교만하게 만드는 방법이다. 내가 낮추면 적이 교만하게 된다. 교만하면 방심하게 되고 취약해진다.
- 일이로지佚而勞之는 적이 편안해서 쉬고자 하면 이를 방해해 피로하게 만드는 방법이다. 현대전에서도 많이 활용한다. 적이 잘 때 불규칙적으로 포탄을 쏘면 적이 잠을 못 자고 대피하는 행동을 반복하게 된다. 이렇게 사흘 동안만 하면 경계를 설 때 피곤해서 졸게 된다. 이때 공격하면 효과가 크다.
- 친이리지親而離之는 적이 서로 친하면 이를 이간시키는 방법이다. 분열되면 힘이 약해진다.

이러한 방법들로 여건 조성을 하여 적의 약점이 드러난다면 공격을 해야 한다. 이때 적이 대비하지 않고 있으면 공격하고, 적이 의도하지 않은 쪽으로 나가야 한다. 그래서 '공기무비攻其無備 출기불의出其不意'다. 그런데 이렇게 기만과 교란을 하는데도 불구하고 적이 대비를 하면 어떻게 해야 할까? 이때는 '실이비지實而備之 강이피지强而避之'라 하였다. 즉, 나도 대비를 하고 적이 강하면 나는 피하는 것이다.

손빈 vs. 방연

《손빈병법》을 쓴 손빈은 방연龐涓과 원수지간이었다. 원래 손빈과 방연은 스승 귀곡자 아래 동문수학한 친구 사이였다. 자기보다 실력이 위인 손빈에 열등감과 시기심이 있었던 방연은 손빈을 해할 음모를 꾸미고, 그로 인해 손빈은 정강이뼈 아래를 잘리는 형벌을 받는다. 평생 불구로 살게 된 손빈은 제齊나라로 가서 군사軍師가 되어 병법의 대가다운 재능을 발휘하며 경쟁자인 방연에게 훗날 통쾌한 복수전을 펼친다.

기원전 341년 손빈은 방연과 전투를 벌이게 된다. 손빈은 방연이 있던 위魏나라군과 전투를 하는데 진격을 하지 못하고 철수를 한다. 이를 본 방연은 제나라군을 섬멸할 생각으로 밤낮을 가리지 않고 추격한다. 손빈은 철수를 하면서 음식을 만들 때 솥을 거는 아궁이를 줄여나간다. 첫날에는 아궁이를 10만 개 남기고 다음 날에는 5만 개, 그다음 날에는 3만 개를 남기고 후퇴한다. 이를 본 방연은 사흘째가 되자 제나라 군사가 절반 넘게 달아났다며 기뻐한다.

방연은 보병들을 뒤에 남겨두고, 날쌘 소수정예 부대만 이끌고 이틀 길을 하루 만에 달려 마릉馬陵(하북성 대명현 동남쪽)에까지 도달한다. 방연이 마릉까지 추격해갔을 때는 이미 날이 어두워져 있었다. 마릉은 길이 좁고 험한 데다가 길 양쪽의 나무들이 모두 쓰러져 길을 막고 있었다. 그런데 유독 큰 나무 한 그루가 나무껍질이 벗겨진 채 서 있는 것이 보였다. 무슨 일인가 싶어 가까이 다가가서 보니 나무에 글이 적혀 있는 듯했다. 방연은 병졸을 시켜 횃불을 가져오게 해 자세히 들여다보니 '방연은 이 나무 밑에서 죽으리라!'라고 쓰여 있었다. 순간 방연은 불현듯 떠오르는 생각이 있어 급히 퇴각하려고 하지만 이미 사방에서 화살이 쏟아지고 있었다. 엄청난 함성과 함께 길 양쪽에서 손빈의 군사가 몰려나왔다.

손빈이 퇴각한 것은 속임수였다. 일부러 쫓겨 도망치는 것처럼 보이게 군사를 움직이고 병력이 줄어드는 것처럼 보여서 방연을 유인한 것이다. 위나라군이 마릉에 도착할 시간을 재어 마릉에 궁수들을 매복시키고, 나무 아래에서 불빛이 보이면 그곳에 집중적으로 일제히 활을 쏘라고 명령했던 것이다. 절망에 빠진 방연은 검을 뽑아 스스로 자기 목을 베었다.

속임수의 한계

우리가 어떤 일을 할 때는 무작정 실시하는 것보다 먼저 자신에게 유리하게 여건을 조성하는 것이 중요하다. 현대전에서도 여건 조성을 충분히 할 것을 강조한다.

하지만 개인이 생활 속에서 손자가 제시하는 속임수를 함부로 사용하면 큰 화근이 된다. 속임수를 쓰다 보면 사람 간의 신뢰가 깨지게 된다. 이러한 기만과 교란은 한계가 있으며, 일시적, 부분적인 효과밖에 없다. 모든 사람을 항상 속이기에는 어려움이 많다. 이는 국가의 존망을 걸고 싸우는 전쟁에서나 쓰이는 것이다.

어떤 일이든 뛰어들기 전에 자신에게 유리한 여건을 만드세요. 열정보다 지혜와 요령이 먼저 필요할 때가 있습니다.

제2편 작전

전쟁은 속전속결 하라

作戰

〈작전〉 편 개요

작전作戰이란 '전쟁을 수행한다'는 의미이다. 〈작전〉 편에서는 전쟁 수행 시의 문제점이 무엇인지, 그리고 이를 극복하는 방법은 무엇인지 제시하고 있다.

전쟁을 하려면 약 10만 명의 군대를 양성해야 하는데 10만 명을 양병하는 데는 엄청난 예산이 소요된다. 또 전쟁 중에도 엄청난 비용과 예산이 들어간다. 예를 들면 전쟁을 유리하게 만들기 위한 외교비용, 무기 및 물자 획득 비용, 전쟁 장비 정비 비용, 전장까지 물자를 수송하는 비용 등이 필요하다. 이러한 것들을 감당할 수 있는 경제적 능력이 있어야 한다. 그뿐 아니라 상당한 인적 물적 피해도 발생해 막대한 희생이 따른다. 군대의 예기가 둔화되고 전투력이 약화되며 민생 재정이 궁핍해진다. 전쟁의 피폐를 틈타 제3국이 침공한다면 수습이 매우 어려워진다.

이러한 전쟁의 어려움을 잘 아는 손자는 〈작전〉 편에서 전쟁을 속전속결速戰速決로 해야 함을 강조한다. 속전속결을 위해서는 졸속拙速으로 전쟁을 수행해야 하고, 장병의 적개심을 고취시켜야 하며, 현지 조달과 적의 자원을 탈취하여 활용하는 전략을 구사해야 한다. 전쟁의 목적이 어느 정도 달성되면 전쟁을 지속하지 말고 졸속으로 멈춰야 한다. 완전한 승리를 위해 계속 전쟁을 하다 보면 전쟁이 장기화되어 결국 국력이 약화된다. 이렇게 되면 전쟁에서 이긴다 해도 위기로 직결될 수 있다.

이러한 전쟁의 폐단과 성공의 요체를 아는 자만이 국가 안위를 책임질 수 있다. 제2편 〈작전〉에서는 졸속拙速의 비밀과 전투 시 중요한 보급의 비밀을 소개한다.

● 전쟁을 하면 엄청난 비용이 든다

孫子曰, 凡 用兵之法에 馳車千駟
손 자 왈 범 용 병 지 법 치 차 천 사

革車千乘 帶甲十萬과 千里饋糧이면
혁 차 천 승 대 갑 십 만 천 리 궤 량

則内外之費와 賓客之用과 膠漆之材와
즉 내 외 지 비 빈 객 지 용 교 칠 지 재

車甲之奉이 日費千金이니 然後에 十萬之師를 擧矣니라.
차 갑 지 봉 일 비 천 금 연 후 십 만 지 사 거 의

손자가 말하였다. 대체로 용병법에 전차 1,000대, 치중차 1,000대, 무장병 10만 명과 천 리 밖까지 보급할 양식을 준비하려면,

국내외에서 사용하는 비용, 외교사절의 접대비, 무기의 정비·수리용 자재, 수레와 갑옷 조달 등 날마다 천금 같은 큰돈이 소요된다. 그런 것을 준비한 연후에야 10만의 군사를 일으킬 수 있다.

● 전쟁을 오래 끌어 나라에 이로울 것이 없다

其用戰也에 貴勝이나 久則鈍兵挫銳하고
기 용 전 야 귀 승 구 즉 둔 병 좌 예

攻城則力屈하고 久暴師則國用이 不足이니
공 성 즉 력 굴 구 폭 사 즉 국 용 부 족

夫 鈍兵挫銳하고 屈力殫貨면 則諸侯 乘其弊而起하리니
부 둔 병 좌 예 굴 력 탄 화 즉 제 후 승 기 폐 이 기

雖有智者라도 不能善其後矣라.
수 유 지 자 불 능 선 기 후 의

전쟁 수행에서 승리를 귀하게 여기지만, 전쟁을 오래 끌면 군사력이 무

전쟁은 속전속결 하라

디어지고 예기銳氣(날카롭고 굳세며 적극적인 기세)가 꺾인다. (전쟁을 장기
전으로 끌어서는 안 되고 단기전으로 끝내야 한다.)

성을 공략하면 전력이 약화된다. 군사작전을 오래 하면 국가 재정이 부
족하게 된다.

또 장기전을 하면 무릇 군사력이 무디어져 날카로움이 꺾이고 전력이
약화되며 재정이 고갈된다. 이렇게 되면 제3국이 그 피폐를 틈타 일어날
(전쟁을 걸어올) 것이다.

이렇게 되면 아무리 지혜로운 사람이 있다 하더라도 그 뒷감당을 잘해
낼 수 없을 것이다.

● 전쟁은 다소 미흡하더라도 속히 끝내야 한다

故로 兵聞拙速이요 未睹巧之久也라.
　고　　병문졸속　　　　미도교지구야

夫 兵久而國利者 未之有也니
　부　병구이국리자　미지유야

故로 不盡知用兵之害者면 則不能盡知用兵之利也니라.
　고　　불진지용병지해자　　즉불능진지용병지리야

그러므로 전쟁은 다소 미흡하더라도 속히 끝내야 한다는 말은 들었으
나, 정교하기 위해 오래 끈다는 법은 들어보지 못했다. (전쟁은 졸속으로 어
느 정도 목적이 달성되면 끝내야 한다. 완벽한 승리를 위해 오래 전쟁을 해서는
안 된다.)

대체로 전쟁을 오래 끌어 국가에 이로운 적은 이제까지 없었다.

그러므로 전쟁의 해로운 점을 다 알지 못하는 자는 전쟁의 이로운 점을
능히 다 알지 못하는 것이다. (전쟁의 이익과 해로움을 동시에 고려해야 한다.)

● 양식은 적지에서 획득하여 쓴다

善用兵者는 役不再籍하고 糧不三載하며 取用於國하고 因糧於敵이라.
선용병자　역불재적　　량불삼재　　취용어국　　인량어적

故로 軍食을 可足也라.
고　군식　가족야

國之貧於師者는 遠輸니 遠輸則百姓이 貧하고
국지빈어사자　원수　원수즉백성　빈

近師者는 貴賣니 貴賣則百姓이 財竭하고 財竭則急於丘役하리니
근사자　귀매　귀매즉백성　재갈　재갈즉급어구역

力屈財彈하고 中原이 內虛於家면 百姓之費 十去其七이요
력굴재탄　　중원　내허어가　백성지비　십거기칠

公家之費는 破軍罷馬 甲冑矢弩 戟盾蔽櫓 丘牛大車
공가지비　파군파마　갑주시노　극순폐로　구우대차

十去其六하리니
십거기륙

故로 智將은 務食於敵이니 食敵一鐘이면 當吾二十鐘이요
고　지장　무식어적　　식적일종　　당오이십종

萁秆一石이 當吾二十石이라.
기간일석　당오이십석

故로 殺敵者는 怒也요 取敵之利者는 貨也라.
고　살적자　노야　취적지리자　화야

　전쟁을 잘하는 자는 장병을 두 번이나 징집하지 아니하고 군량은 세 번이나 실어 나르지 아니한다. 적국에서 획득해서 쓰고 적에게서 양식을 구한다. 그렇게 하면 군량을 가히 넉넉히 할 수 있다.

　국가가 전쟁 때문에 빈곤해지는 것은 멀리 (전쟁터까지 많은 물자를) 실어 나르는 것 때문이니, 멀리 실어 나르면 백성들이 가난해진다.

　전쟁터 부근에서는 물건이 부족하여 물가가 오를 것이니, 이렇게 되면 물가고에 백성의 재물이 고갈되고, 그렇게 되면 노역 공출에 급급해진다. (백성들이 가난해져 세금 낼 돈이 없어, 노역에 참석할 수밖에 없게 된다.)

　국력이 약해지고 재물이 고갈되어 나라 안의 집집이 텅 비게 되면, 백

성들의 경제력의 70퍼센트가 탕진될 것이다.

　국가의 재정은 수레와 말의 보충, 갑옷과 투구, 활과 살, 창과 방패, 수
송수단의 보충 등으로 60퍼센트나 잃게 된다.

　그러므로 지혜로운 장수는 적지에서 식량 획득에 힘쓰는 것이니, 적의
식량 1종을 획득함은 자국에서 20종을 수송하는 것과 같으며, 적의 말먹
이 1석 획득은 자국에서 수송한 20석에 필적한다.

　그리고 적을 죽이게 하기 위해서는 적개심을 갖도록 해야 하며, 적의
자원을 획득하게 하기 위해서는 재물을 상으로 주어야 한다. (동기 유발이
필요하다.)

● 싸울수록 힘이 더욱 강해진다

車戰에 得車十乘已上이면 賞其先得者하고
차 전　득 차 십 승 이 상　　상 기 선 득 자

而更其旌旗하여 車雜而乘之하고
이 경 기 정 기　　차 잡 이 승 지

卒善而養之니 是謂勝敵而益强이라.
졸 선 이 양 지　시 위 승 적 이 익 강

　전차전에서 전차 열 대 이상을 노획하면 최초 노획자에게 상을 주어야
한다.

　노획한 전차에 아군 깃발을 바꾸어 달아서 아군 전차 사이에 편성하여
탈 수 있게 하고,

　포로는 설득시키고 우군화하여 병사로 활용한다. 이렇게 하면 적과 싸
워 이기면서도 전력을 더욱 강하게 한다. (적과 전투를 하면 할수록 인적 물
적 피해가 커져 점점 약해지는데 적의 전차나 포로를 우리 군에 편성하면 점점
강해질 수 있다.)

● 전쟁을 이해하는 장수라야 국가의 안위를 책임질 수 있다

故로 兵貴勝이요 不貴久니
　고　 　병귀승　　불귀구

故로 知兵之將은 民之司命이요 國家安危之主也니라.
　고　 　지병지장 　민지사명 　국가안위지주야

군사 활동에서 승리는 귀중히 여기나, 긴 것 즉 전쟁이 장기전으로 가는 것은 귀중히 여기지 않는다.

그러므로 전쟁의 이러한 속성을 아는 장수라야 백성의 생명을 맡을 만한 인물이요, 국가 안위에 관한 일을 맡길 수 있는 주인이다.

전쟁은 졸속으로 하라

　졸속拙速 행정은 나쁘다고들 말한다. 하지만 전쟁만은 졸속으로 해야 한다. 졸속은 사전적 의미로 어설프고 빠르거나 혹은 그런 태도를 말한다. 전쟁을 어설프고 빠르게 하라는 것은 어떤 의미일까? 전쟁 중에 준비가 덜 됐더라도 기회가 오면 바로 졸속으로 전투를 개시하고, 전쟁 목적이 어느 정도 달성되면 빨리 끝내는 것을 의미한다.

　전투 중 적의 탄약과 포탄이 동난 게 확인된다면 좋은 기회가 확실하다. 그러면 전투 준비가 덜 됐더라도 바로 공격해야 쉽게 이길 수 있다. 적이 총이나 대포를 갖고 있어도 탄약과 포탄이 없으니 힘을 발휘할 수 없다. 그런데 아군 측의 준비가 미흡하다고 완전히 준비한 후 공격하려고 시간을 허비하면 적은 탄약과 포탄을 재보급받게 된다. 그러면 아군이 완전히 준비해서 공격해도 승리는 보장할 수 없고, 아군 측과 적군

모두 피해가 커진다. 따라서 전쟁은 그 목적이 어느 정도 달성되면 빨리 끝내야 한다. 완전한 승리를 하려고 지속해서 전쟁을 끌면 피해가 막심해져 승리하더라도 바로 국가의 위기로 연결될 수 있다. 경제적 손실도 클뿐더러 국력도 쇠하게 된다. 그런 틈을 타서 제3국이 공격이라도 해온다면 수습이 힘들어질 수도 있다. 그러면 어렵게 얻은 전쟁 승리의 이득이 없어지는 셈이다.

　손자는 전쟁은 피해가 크다며 전쟁의 병폐에 관해 강조한다. 되도록 전쟁을 하지 않고 이기는 것이 최우선이라 말한다. 전쟁이 불가피하다면 내 쪽의 피해를 최소화해 이겨야 하고 그러자면 장기전을 피해야 한다고 강조한 것이다. 인명피해와 예산 소요가 큰 만큼 전쟁을 자주 해서도 안 된다고 했다. 전쟁은 속전속결로 끝내야 한다. 기회가 오면 준비가 조금 미흡하더라도 졸속으로 공격하고 목적한 바가 어느 정도 달성되면 졸속으로 빨리 마무리 지어야 한다. 완벽한 승리란 있을 수 없을뿐더러 그런 완벽한 승리를 목표로 삼는다면 전쟁이 장기화되어 오히려 큰 손해를 보게 된다는 가르침이다.

졸속 행정과 졸속 전쟁은 차원이 다르다

　그럼 행정에서의 졸속은 매우 나쁜데 전쟁에서의 졸속은 왜 좋을까? 졸속 행정과 일반적인 경쟁이나 전쟁에서의 구조는 다르다. 행정에서는 상대가 없는 반면 전쟁이나 경쟁에서는 상대가 있다. 상대가 없는 경우에는 급하게 서두를 필요가 없다.

행정은 신중히 생각하고 어떤 문제점이 있는지 검토하고, 여론을 형성해 공감을 얻어 실행해야 문제가 최소화된다. 그런데 실적을 위해 '빨리빨리' 행정을 하는 경우 문제가 발생해 비난을 받게 되는 것이다.

그러나 전쟁이나 경쟁은 상대가 있다. 내가 준비한다고 시간을 보내면 상대도 그 시간만큼 취약점을 보완하고 강해진다. 시간의 함수가 존재하는 것이다. 적이 강해지는 시간을 벌게 해주면 전투가 어려워지고 양쪽의 피해가 커진다. 그만큼 '시기'가 중요하다. 때를 아는 감각이 필요하다. 준비가 덜 됐더라도 좋은 시기가 오면 개시해야 한다.

병법에서의 세 가지 졸속

졸속에는 세 가지가 있다. 전쟁이 벌어진 이후 전투 준비 과정에서의 졸속, 전투 과정에서의 졸속, 전투 또는 전쟁 목표에서의 졸속이다.

첫째, 준비에서의 졸속

전투 준비 과정에서의 졸속이란 호기가 포착되면 준비가 미흡하더라도 과감히 공격하는 것을 뜻한다. 준비가 덜 됐다는 이유로 아주 좋은 기회를 아쉽게 놓치고 마는 경우가 뜻밖에 많다.

중요한 고지를 선점하는 일은 무엇보다 부대 방어에서 매우 긴요하다. 한 보병대대가 어떤 산을 방어하라는 임무를 받았다고 가정해보자. 어떤 지휘관은 대대 전체가 방어할 것들을 준비하게 시킨다. 방어 기간 필요한 식량, 탄약, 장애물, 통신선 등을 준비하는 데 시간을 쓴다. 그런

후에야 주둔지를 출발한다. 이렇게 대대 전체가 방어 준비물을 갖추고 방어할 산까지 가는 데는 시간이 많이 소요된다. 이때 만약 적이 1개 소대나 중대라도 먼저 중요 고지를 선점해버리면 방어하기 위해 가는 대대는 상당한 어려움에 봉착하게 된다. 다시 고지를 공격해서 적으로부터 고지를 확보한 후 방어를 해야 하는 상황이 되는 것이다. 이럴 때 지혜로운 대대장은 우선 방어 준비물을 갖춘 1개 소대나 중대를 먼저 산으로 보내 방어를 시킨다. 고지를 선점하는 것이다. 이후 대대가 다 준비되면 나머지 대대원을 이끌고 산으로 가서 방어한다. 이렇게 한다면 쉽게 임무를 수행할 수 있다.

둘째, 과정에서의 졸속

과정에서의 졸속이란 상황에 따라 계획을 수정해가는 것을 말한다. 사람들은 최초 만든 작전 계획에 집착하는 경향이 있다. 그러나 전장은 원하는 대로, 계획된 대로 흘러가지 않는다. 전쟁이 일어나면 계획이 아닌 상황에 집중하라는 말이 있다. 상황에 따라 융통성을 갖고 병력을 운용해야 한다.

셋째, 목표에서의 졸속

목표에서의 졸속이란 소기의 목적이 달성되면 조기에 전쟁을 끝내는 것을 말한다. 하지만 전쟁을 조기에 끝내기는 말처럼 쉽지 않다. 군대의 속성은 전투에 승리하면 또 전투하기를 원하고, 전쟁에 승리하면 또 전쟁을 하려 하기 때문이다. 정치 지도자들은 승리감에 도취해 또 다른 전쟁을 하는 경향이 있기도 하다. 전쟁이 장기화되면 피해는 고스란히 국민에게 돌아간다. 그리고 국력이 약해진다. 역사에 등장하는 많은 실패는 이와 같은 결과에서의 졸속을 못 지켰기 때문인 경우가 많다.

　제2차 세계대전에서 패망한 독일의 경우 전쟁을 끝내야 할 시기를 몰랐다. 독일은 1938년 오스트리아와 체코슬로바키아를 합병했다. 이어 1939년 9월 독일이 폴란드를 침략하면서 제2차 세계대전이 시작되었다. 연합군의 대항에도 굴하지 않고 독일은 1940년 덴마크와 노르웨이를 점령했고, 네덜란드와 벨기에, 프랑스까지 정복했다. 이어 소련까지 공격해 들어갔다. 히틀러의 야욕은 독버섯처럼 점점 자라나기만 했고 그의 이상에 제동을 거는 사람은 없었다. 이로써 전쟁은 장기화했고, 국력과 병력이 낭비되면서 나라가 패망의 길로 들어섰다. 1945년 연합군은 독일의 베를린을 무너뜨렸고, 히틀러는 붙잡히기 전 권총으로 스스로 목숨을 끊었다.

　반면, 1991년 일어난 걸프전은 개전 초기 목표를 달성하자 졸속으로 전쟁을 끝낸 경우다. 1990년 8월 2일 이라크 후세인이 쿠웨이트를 점령하자 34개 국가가 이듬해 1월 17일부터 2월 28일까지 이라크를 상대로 전쟁을 했다. 총 40여 일이 걸렸다. 이라크군을 쿠웨이트에서 축출하고 이라크 중간쯤 갔을 때 전쟁을 종결했다. 연합군이 이라크를 완전히 점령하지 않은 것에 대해 세계는 의아해했다. 하지만 이라크는 어느 정도 무력화돼서 중동에 더는 위협이 되지 않았기 때문에 다국적군은 소기의 목표를 달성하고 졸속으로 전쟁을 끝낸 것이다. 이로써 국제사회와 유가, 세계 경제도 빨리 안정을 되찾았다.

　만약 다국적군이 이라크 전역을 완전히 점령하고자 했다면 전쟁이 장기화했을 확률이 높다. 아마 걸프전도 2003년의 이라크전처럼 10년 이상 걸렸을지 모른다. 그랬더라면 미국이 세계 최강국으로 도약하는 데 어려움이 있었을 것이다. 이처럼 전쟁이 일어났을 때 어느 정도 목표가 달성되면 졸속으로 마무리하는 것이 장기전으로 가는 것보다 낫다.

기업에서 시장 선점의 기선을 잡는 전략

졸속은 기업 경영에도 적용된다. 변화의 속도가 빨라진 요즘, 경제학에도 선점 효과라는 것이 있다. 일명 쿼티qwerty 효과다. 초기 타자기 자판은 특별한 이유 없이 쿼티의 순서로 자모를 배열했다. 이후 인체공학적으로 불합리하다는 지적이 제기됐지만 사용자들에게 이미 익숙해진 자판 배열을 바꾸기는 매우 어려웠다. 이렇게 불합리하더라도 널리 퍼져 있어 바꾸기 어려운 현상을 선점 효과, 혹은 쿼티 효과라고 한다.

선점이 위력을 발휘하는 사례는 우리 주변에서도 심심치 않게 발견할 수 있다. 우리가 애용하는 스마트폰 메신저를 생각해보자. 주변만 보아도 많은 이가 카카오톡을 사용하고 있다. 한국방송통신전파진흥원이 발표한 '미일美日 대비 국내 소셜네트워크 서비스 현황'(2019)에 따르면 카카오톡의 국내 이용률은 83퍼센트다. 거의 온 국민이 카카오톡을 쓴다고 해도 과언이 아니다.

그런데 사실 대한민국에 처음 들어온 모바일 커뮤니케이션 서비스는 카카오톡이 아니었다. 왓츠앱이었다. 하지만 왓츠앱이 유료화되면서 무료 서비스를 처음 시작한 선발 기업인 카카오톡이 강세를 보이게 된 것이다. 많은 이들이 카카오톡을 이용하기 시작하자, 이제는 누구도 카카오톡에서 이탈할 수 없는 상황에까지 이르렀다. 그래서 초기에 사용자를 많이 확보하는 것이 무엇보다 중요하다. 이는 모바일 커뮤니케이션 서비스가 아주 중요해질 것임을 간파한 김범수 현 카카오 의장이 아주 재빠르게 카카오톡을 시장에 내놓은 결과였다.

다음카카오는 작은 스타트업 기업으로 그 시작은 미미했다. NHN의 김범수 대표이사가 2008년 9월 대표이사직을 사임하고 서울대 산업공학과 후배인 이제범과 다음카카오 전신인 아이위랩을 공동 창업했다. 당시 네이버는 인터넷과 웹 시장에 집중하고 있었는데 김범수 의장은 2009년 11월 아이폰이 한국에 상륙하자 바로 아이폰에 최적화된 모바일 커뮤니케이션 서비스 개발에 집중했다. 김범수 의장은 네 명의 팀원에게 두 달 안에 서비스를 만들라는 '4-2법칙'을 지시했다. 파격적인 전략이었다. 그리고 1년도 되지 않은 2010년 3월 18일 모바일 메신저 카카오톡을 출시했다. 출시 하루 만에 앱스토어에서 1위를 달성하고 3만 명이 가입했다. 6개월 후에는 가입자가 100만 명을 넘었다.

이후 전 국민의 메신저로 발돋움한 카카오톡은 현재 택시 호출, 대리운전 요청, 미용실 예약, 쇼핑 결제까지 다양한 서비스로 우리 생활에 파고들고 있으며 엄청난 수익을 내는 대기업으로 자리 잡았다. 이것이 선점의 힘이다.

졸속으로 행동 실천력을 키워라

졸속은 계획만 하다가 정작 행동 실천은 못 하는 사람들에게도 요긴하다. 건강이나 다이어트를 목적으로 헬스장에 다니기로 한 경우를 생각해보자. 우선 계획을 세울 것이다. 어느 헬스장이 좋을지를 찾아보고 헬스장 위치와 비용, 프로그램, 시간 등 여러 고려 요소를 오래 생각만 하다가 열정이 식어서 아예 헬스장 입구도 가지 못하는 경우가 부지기수다. 이럴 땐 집이나 회사에서 가까운 헬스장에 일단 가야 한다. 운동하면서 내가 어떤 시간에 하는 것이 좋을지를 계획하고, 또 어떤 프로그램이 맞는가를 알아보는 것이 훨씬 더 효율적이다. 사람의 열정도 한정적인 자원이다. 완벽한 계획을 세운답시고 정작 시작도 하기 전에 열정과 에너지를 소진해서는 안 된다.

과정에서의 졸속도 매우 중요한데, 친구들과 등산을 갔는데 갑자기 기상상태가 악화돼서 소나기가 온다면 코스를 바꿔야 한다. 계곡으로 갈 예정이었으면 다른 곳으로 목적지를 변경해야 한다.

목표에서도 마찬가지다. 최초 계획에만 집착하면 낭패를 볼 수 있다. 등산에서는 통상 정상까지 가는 것이 목표다. 하지만 중간에 변수가 생겨 지체된 경우라면 처음의 목표도 바꾸어야 한다. 만약 무리해서 정상에까지 올라가면 하산할 때 어둠을 만난다든지 길을 잃어 곤경에 처할 수 있다. 이럴 때는 중간까지 갔다가 과감히 내려와야 온전하고 안전할 수 있다. 온전하면 나중에 다시 올라갈 기회가 생기지만 위험에 빠지면 그런 기회는 다시 오지 않을 수도 있다.

❗

오늘도 자신과의 약속을 못 지켰나요? 결심하면 바로 행동하고, 행동하면서 고민하세요. 먼저 시도하세요.

보급의 비밀은 무엇일까?

전투 중에 총알이 떨어지거나 교전 중에 전차가 고장이 나면 어떻게 될까? 바로 죽음이다. 하루 동안 물이 부족해서 물을 못 마셨다든가 식량이 부족해 이틀을 굶었다면 제대로 전투를 할 수 있겠는가? 이를 책임지는 것이 보급이다. 그만큼 전쟁에서 보급은 기본 중의 기본이며 핵심적인 문제다.

보급이란 군인들이 생활에 필요한 먹고 입고 자는 것과 전투에 필요한 장비와 무기, 탄약, 유류 등을 제공하는 것을 말한다. 여기에는 이러한 물자를 전쟁터까지 수송하는 것도 포함된다. 또 전쟁에서는 차량, 전차, 장갑차, 헬리콥터, 전투기, 군함 등 많은 장비가 고장 나거나 공격당할 수 있는데, 이를 정비하고 수리하는 것까지 보급의 역할이다. 다시 말해 보급전은 보급, 수송, 정비를 모두 포함한다. 이런 것을 군에서는 군수지원 또는 전투근무 지원이라 하는데 여기서는 이해하기 쉽게 보급으로 표현하겠다.

전투지역은 대단히 위험한 경우가 많다. 필요 물자를 준비해 전투지역까지 보급하는 것은 적과 전투하기만큼이나 어렵다. 적들은 이러한 보급을 끊기 위해 곳곳에서 매복하고 있다가 공격을 해온다.

손자가 말하는 보급

전투를 잘하기 위해서는 작전 수행을 잘해야 하고 전쟁을 잘하기 위해서는 보급을 잘해야 한다는 말이 있다. 손자도 보급의 중요성을 놓치지 않고 있다. 전쟁을 하려면 최소 10만 명의 정예병을 양성하고 이들을 전쟁지역에 출전시키려면 엄청난 예산과 보급이 소요된다고 했다.

2,500년 전에는 제후국끼리 전쟁을 하기 위해 10만 명의 전투병을 양성해야 했다. 보급 지원 인원까지 고려하면 전투병 10만을 이끌기 위해 어마어마한 인력이 필요했을 것이다. 전쟁에는 전투병 양성 예산뿐 아니라 유리한 여건 조성을 위한 외교비용, 국내외에서 엄청난 물자를 동원하기 위한 예산도 소요된다. 지속적인 무기의 생산과 정비, 조달에 필요한 예산이 확보되어야 하는 것이다.

손자는 놀랍게도 2,500년 전 전쟁과 경제의 관계를 그 당시 기준으로 정확히 계산하여 제시했다. 국가는 전쟁 중에도 지속해서 전쟁 물자와 무기 및 인원을 전쟁터로 보충해야 하므로 국가 예산의 60퍼센트 이상이 고갈될 것이라 했다. 또 전쟁 물자를 백성들로부터 동원해야 하므로 백성들의 재산도 70퍼센트 정도 손실을 볼 수 있다고 했다. 전쟁 시에는 국가가 백성들로부터 물자를 동원할 때 생활에 필요한 최소한만 남기고 모두 동원하는 경향이 있었다. 백성들의 정신적 고충과 경제적 고충이 가중될 수밖에 없다.

손자는 제7편 〈군쟁軍爭〉에서 보급이 안 되면 전쟁이 망한다고 언급했다. 군대에 보급 부대가 없으면 망하고, 양식이 없어지면 망하고, 보급 물자 축적이 없으면 망한다는 말이다.

과거의 보급전

전쟁을 할 때는 우선 아군 측의 보급 물자를 최우선으로 확보하고, 보급선을 유지하는 것이 중요하다. 역으로 적의 보급선을 끊어버리면 쉽게 이길 수 있다. 보급을 받지 못하면 전투를 지속할 수 없으므로 철수밖에 길이 없다.

조조군의 관도대전

《삼국지三國志》를 보면 관도대전에서 조조가 적의 보급선을 끊어 불리하던 진세를 뒤집고 원소를 무찌른 사례가 나온다. 관도대전은 중국 후한 말기인 서기 200년, 화북의 양대 세력이던 원소군과 조조군이 벌인 전투다. 당시 원소는 화북지역의 강대한 세력으로, 또 다른 거대 세력인 조조군과 관도에서 서로 중국의 패권을 두고 전투를 벌였다. 조조는 이 싸움에서 승리함으로써 화북의 지배권을 확립하고 세력을 한층

제2편 〈작전〉

더 강화하며 촉의 유비, 오의 손권과 더불어 중국을 삼 분하게 되었다.

관도대전 당시 조조군의 군사 수는 7만이었고 원소군은 70만이었다. 조조군은 열 배 정도 열세해서 주력과의 전투를 최대한 피하고 방어를 위주로 하고 있었다. 누가 보더라도 조조의 군사력은 원소의 상대가 되지 않았다. 실제로 초기 전투에서 조조군은 많은 어려움을 겪는다.

그러던 중 조조군은 원소군의 식량 저장고 위치가 오소라는 것을 알아내고 오소를 공격해 식량 보급로를 끊어버린다. 식량이 모두 불타버린 원소군은 식량 조달에 어려움을 겪었고 이는 치명적인 군대의 사기 저하로 이어졌다. 조조군은 이 틈을 노려 원소군을 공격함으로써 최후의 승리를 거머쥔다. 적의 보급선을 끊음으로써 쉽게 이긴 사례다.

나폴레옹을 철수시킨 러시아의 보급전

과거의 보급전은 현지에서 조달하는 것을 원칙으로 했다. 도로와 교통수단이 발달하지 않아 자국 내에서 전쟁지역까지 계속해서 물자를 조달하는 것이 매우 어려웠기 때문이다. 주된 이동수단이 사람이나 말이어서 물자 수송이 더욱 어려웠다. 특히 과거의 전투에서는 부피가 큰 말먹이까지 챙겨야 했다.

손자는 장수가 지혜롭다면 적지에서 물자를 획득해야 한다고 강조했다. 적의 식량 1종을 획득하는 것은 자국에서 20종을 수송해온 것과 같고, 적의 말먹이 1석을 획득하는 것은 자국에서 20석을 수송해온 것과 같다고 했다. 적 지역에서 물자를 획득하면 국내에서 물자를 획득해서 수송하는 것에 비해 20배의 절감 효과가 난다고 했다. 적의 자원을 획득하면 획득한 병사에게 포상을 주고 포획한 전차나 포로를 아군 측의 병력으로 활용해야 한다고도 했다. 이것이 적을 이기면서도 전력을 더욱 강하게 하는 비법이다.

나폴레옹 등 과거 명장들도 현지 보급 조달이 쉬운 곳을 원정로로 선정했다. 주로 획득할 수 있는 물자가 많은 도시를 통과하며 공격해 들어갔다. 철수할 때는 공격로와 다른 길을 선정했다. 한번 쓸고 간 도시는 다시 보급하기 어려웠기 때문이다.

방어하는 국가에서는 후퇴하면서 공격해오는 적의 보급로를 끊기 위해 모든 것을 불태워버리는 전략을 사용했다. 러시아와 고구려가 이런 전략을 잘 구사했다. 1812년 6월 24일 프랑스 나폴레옹은 60여만 명으로 연합군을 편성하여 러시아를 공격했다. 이때 러시아는 나폴레옹군의 상대가 되지 못했다. 그래서 러시아의 쿠투조프 장군은 나폴레옹군이 공격해오면 싸움에 응하지 않고 후퇴하면서 현지 보급 조달을 못 하도록 모든 것을 불사르는 전략을 구사했다.

쿠투조프 장군은 러시아 깊숙이 나폴레옹군을 끌어들이면 보급난이 생길 것이고 그렇게 되면 나폴레옹군이 약해져 공격할 기회가 올 것이라고 생각했다. 러시아 땅을 내어주는 듯하면서 러시아군을 보존하고 나폴레옹군을 보급난에 빠지게 하자는 것이었다.

실제로 나폴레옹군은 러시아 모스크바까지 공격해 들어갔지만 모스크바는 불타고 있었고 현지에서 조달할 수 있는 것이 없었다. 본국 프랑스는 너무 멀어 전쟁에 필요한 물자를 수송 받는 것도 사실상 힘들었다. 수천 킬로미터의 거리를 말이나 사람이 수레로 끌고 온다는 것이 얼마나 어렵겠는가. 보급난으로 어려움을 겪고 있던 프랑스 나폴레옹군에 엎친 데 덮친 격으로 러시아의 혹독한 추위가 찾아왔다. 겨울 날씨는 보급 수송을 훨씬 더 어렵게 했다. 결국 나폴레옹군은 철수를 하게 된다. 사기가 저하된 패잔병의 모습으로 말이다. 이때 러시아군이 나폴레옹군을 추격하여 프랑스군을 대패시키고 대승한다. 나폴레옹군 가운데 프랑스까지 살아 돌아간 병사는 10퍼센트밖에 되지 않았다. 추위에 죽고 러시아군의 공격에 죽었기 때문이다. 그래서 러시아는 결국 방어에 성공하고 나라를 지킨다.

고구려의 보급전

고구려의 경우 적이 침입하면 청야입보淸野入保 전략을 썼다. 수나라나 당나라가 쳐들어 왔을 때 모든 물자를 성안에 넣고 성 밖에서 현지조달할 수 있는 것은 모두 태웠다. 특히 말의 먹이를 제공하는 목초지를 전부 태워버렸다. 적국의 군대가 현지 조달을 할 수 없도록 사전에 차단한 것이다. 이렇게 적의 현지 조달 보급을 못 하도록 한 것이 고구려가 승리한 큰 요인이었다.

현대의 보급전

과거에는 도로와 수송수단이 미흡해 어쩔 수 없이 현지 조달이 원칙이었지만 현대에는 교통수단이 좋아져 모든 것을 자국에서 준비해 전장에 가야 한다. 식량, 탄약, 물자 등을 자국에서 먼저 준비한 뒤 전쟁을 수행한다. 전쟁 중에는 여러 곳에 보급기지를 만들어 원활한 보급이 되도록 하는 것이 굉장히 중요하다.

자국에서 전쟁을 하거나 국경선 근처에서 전쟁을 하면 보급이 그나마 조금 수월하지만 먼 나라에 가서 원정작전을 하게 될 경우 보급에 신경을 많이 써야 한다. 미국이 저 멀리 중동에서 걸프전이나 이라크전을 할 때 그랬다. 미국은 전쟁 준비할 때 보급에 가장 많이 관심을 두고 준비한다. 걸프전을 할 때는 보급선을 준비하는 데에만 대략 6개월이 걸렸고, 이라크전에서는 4개월 정도가 소요됐다.

한국은 전쟁을 총력전 개념으로 한다. 우리 물자를 식량에서부터 탄약·수송·정비 등 국가 총력전 개념으로 해결하는 시스템이다. 전쟁 시 보급에 국가 총력을 기울이는 체제이다. 전쟁 시 관련 기관이 즉각 전시 체제로 전환하기 위해 정부기관이나 주요 기업은 정부에서 파견한 비상기획관을 두고 있다.

사막의 여우 롬멜의 북아프리카 작전

제2차 세계대전 당시 독일은 북아프리카 전투에서 다 이겨놓고도 보급력이 부족해 패배했다. '사막의 여우'라 불리는 독일의 에르빈 롬멜 장군이 1941년 북아프리카 작전에 투입됐다. 그 당시 아프리카 북부지역에서 영국군에게 독일군의 동맹국인 이탈리아가 패하고 있었다. 히틀러의 입장에서는 독일의 동맹국인 이탈리아가 북아프리카에서 영국에 패하면 지중해와 이집트를 비롯한 중동이 연합군 수중에 넘어가고 그러면 여러 어려움이 예상되었다. 그래서 독일군을 북아프리카 전역에 투입하고, 롬멜 장군에게 그 임무를 부여했다.

롬멜은 자신은 전투에 집중해서 승리하면 되고, 보급은 상급 부대인 독일군 총사령부의 역할이라고 생각했다. 실제로 롬멜은 늘 전투에 집중해서 승리했다. 하지만 보급상황을 따지지 않아 전투에 승리하고도 결국 철수해야 하는 상황이 벌어졌다. 보급을 고려하지 않은 작전은 실패한다는 교훈을 가장 잘 보여준 사례다.

북아프리카 작전을 조금 더 구체적으로 살펴보자. 전투를 할 때는 보통 기차가 전차를 싣고 가 전선에서부터 전차로 진격하는 게 일반적이다. 하지만 롬멜이 처음 북아프리카 작전에 투입됐을 때는 800킬로미터나 되는 사막을 전차가 직접 가로질러 가야 하는 형편이었다. 사막에서는 보급과 수송이 굉장히 까다롭다. 더군다나 독일군의 보급로는 연합군에 의해 저지당하고 있었다. 진격하는 동안 롬멜과 부대원들의 고통은 배가 되었다. 모래 때문에 부품이 고장 나기 일쑤였는데 전투만큼 전차의 유지 보수가 까다로웠다. 게다가 전차 속 디젤 연기와 고온, 거기에 더해진 사막의 뜨거운 열기로 병사들의 탈수 현상이 심각했다. 신선한 음식과 물, 연료, 탄약 등이 모자라 고통이 이만저만이 아니었다.

하지만 작전의 천재 사막의 여우 롬멜은 육감이 발달하고 작전술이 매우 뛰어난 장군이었다. 롬멜은 각종 기만 작전과 기습 공격을 통해 주도권을 잡으면서 동쪽으로 밀고 나가 이집트 수도 카이로 부근까지 세력을 확장해갔다. 영국군은 전차까지 버리고 허둥지둥 후퇴했다.

당시 연합군은 롬멜을 전혀 몰랐지만 이미 전장에서는 공포의 존재가 돼 있었다. 그래서 연합군 측의 오키넥 장군은 "롬멜이라는 친구가 귀신이나 마법사로 여겨지고 있어 큰일이다. 롬멜에 관해서는 더 떠들지 말라. 그렇게 된다면 심리전에서 밀릴 게 분명하다"라는 말을 했다고 한다. 하지만 롬멜과 독일군에 한계가 찾아온다. 보급이었다. 보급로가 영국군의 공격에 갈수록 노출됐던 것이다.

이에 독일은 지중해를 통해 해상으로 아프리카 전역에서 전투를 벌이고 있는 독일군에 보급 지원을 추진했다. 하지만 이 역시도 영국 해군에 의해 공격받는 실정이어서 군 장비 보충이 어려웠다. 게다가 제공권도 영국을 중심으로 한 연합국에 있었으므로 독일군이 보급선을 유지하기는 더욱 힘들어졌다.

연합군은 뛰어난 정보 수집 능력을 바탕으로 독일군으로 들어오는 보급품을 계속 차단했고, 롬멜의 부대는 결국 튀니지까지 밀려났다. 전세가 기울기 시작했고, 롬멜의 부대는 가마솥 같은 전장에서 애를 쓰지만 지리멸렬한 전투에서 이기고 지고를 반복할 뿐이었다. 결국 1943년 5월 독일은 아프리카 전투에서 완전히 패배한다. 롬멜은 보급능력을 초과하여 작전을 수행함으로써 어렵게 전투에는 승리하고도 결국 아프리카 전역에서 패배하는 결과를 받아들여야 했다.

무역 전쟁도 보급전이다

손자가 말한 보급전은 꼭 전쟁터에서만 벌어지는 것은 아니다. 국가 간 무역 전쟁이나 경제 전쟁을 할 때도 활용되고 있다. 경쟁국을 굴복시키기 위해 경쟁국이 필요로 하는 물자나 자원을 끊어서 어려움에 놓이게 하는 것이다. 그래서 자원안보, 식량안보라는 말이 나오게 됐다.

현재 미국과 중국이 치열한 무역 전쟁을 벌이고 있다. 중국은 미국과의 무역 전쟁에서 이기기 위해 희토류의 미국 수출 금지라는 카드를 꺼낼지 말지 고민 중인 듯하다. 희토류는 광물에서 아주 소량만 추출 가능한 희귀한 자원으로 LCD, 전자제품, 자석, 조명, 배터리, 무기 등의 제품을 생산하는 데 이용된다. 희토류는 제품의 소형화 및 경량화를 가능케 해 '첨단산업의 비타민', '첨단산업의 쌀'로 불리기도 한다.

미국은 필요한 희토류 대부분을 중국에서 수입하고 있다. 미국도 희토류를 갖고 있지만 생산과 가공을 하지 않고 대부분을 중국에 의존한다. 희토류를 생산 가공하는 과정에서 심각한 환경문제가 발생하기 때문이다. 이런 상황에서 중국이 미국에 희토류 수출 금지 조치를 취한다면 미국은 큰 타격을 입을 수밖에 없을 것으로 예상된다. 손자가 전쟁시 적의 보급선을 끊으면 쉽게 전쟁에서 이길 수 있다고 했는데, 무역전쟁에서도 생산에 꼭 필요한 원재료나 필요한 부품 등을 끊어 상대국을 자신의 의도대로 굴복시킬 수 있다.

이렇게 중국이 미국에 대하여 희토류를 전략자산으로 활용하려 고민하는 것은 이미 희토류로 상대국을 굴복시킨 경험이 있기 때문이다. 그상대국이 일본이었다. 2010년 일본과 중국이 남중국해에서 충돌했을 때 중국은 희토류를 무기로 일본을 굴복시킨 바 있다.

2010년 9월 7일 남중국해 남서부 바다에서 중국 어선이 일본 해상보안청 순시선에 충돌했다. 일본명 센카쿠열도, 중국명 댜오위다오[釣魚島] 부근에서의 충돌이었다. 이곳은 일본이 실효적 지배를 하고 있으나 중국이 영유권을 주장하고 있는 곳이다.

일본은 즉각 중국 선장과 선원 15명을 구속했다. 이에 중국도 일본 민간인 4명을 체포했다. 이로써 한 치의 물러섬도 없이 중국과 일본은 대치하게 되었고 두 국가에 국제사회의 우려 섞인 시선이 집중되었다. 그런데 놀랍게도 충돌 17일째 되던 날 일본은 중국 선장과 선원을 석방

하고 굴복하는 듯한 모습을 보인다.

　일본의 기세를 꺾은 것은 희토류였다. 중국이 일본에 대해 희토류 수출 금지 조치를 내렸고, 사흘 만에 일본이 백기를 든 것이다. 일본 시민의 불만은 치솟았고 내각 지지율도 추락했다. 하지만 일본도 어쩔 수 없는 사정이 있었다. 당시 일본 산업의 60퍼센트가 희토류를 원료로 하고 있었는데 중국에 대한 희토류 의존도는 85퍼센트 이상이었다. 중국의 일본 희토류 수출 금지 조치는 일본 경제에 치명적이었다. 이것이 현대판 무역 전쟁에서의 보급전이다. 중국은 일본 산업에 꼭 필요한 재료인 희토류의 수출 금지 카드로 주도권을 잡고 분쟁에서 승리했다. 이후 일본은 중국에 대한 희토류 의존도를 낮추기 위해 다각도로 조치를 취했다. 단기적으로는 희토류 공급 확보를 위해 호주 희토류 생산업체에 출자했다. 장기적으로는 2년 만에 희토류를 사용하지 않는 산업용 모터를 개발하는 등 희토류 사용량 절감에 많은 진척을 이루었다. 이런 결과로 일본은 중국에 대한 희토류 의존도를 2009년 86퍼센트에서 2015년 55퍼센트까지 낮추었다.

　최근 일본은 우리나라에 무역 전쟁을 걸어왔다. 우리나라를 화이트리스트에서 제외한 것이다. 우리나라 산업에 꼭 필요한 수입품을 규제해서 일본이 주도권을 가지고 우리나라를 굴복시키려고 하고 있다. 그동안 우리나라는 화이트리스트에 포함되어 있어 수출심사를 간소화하는 우대를 받고 있었다. 우리나라를 비롯하여 화이트리스트에 포함된 국가에는 일본 기업이 수출 품목에 관해 3년 단위로 포괄 허가를 받고, 일주일 내 선적이 가능했다. 하지만 여기서 제외됨으로써 한국은 이제 세세한 품목까지 복잡한 통관절차를 거쳐야 한다. 6개월 단위로 개별 허가

신청을 받고 90일까지 심사를 받게 할 수도 있다.

이를 통해 일본 정부가 주도권을 갖고 우리 산업을 쥐락펴락할 수 있는 소지가 커졌다. 우리 기업이 긴요히 필요한 물품을 심사할 때 90일까지 끌 수도 있고, 긴요성이 낮은 품목은 바로 통과시켜줄 수도 있다. 우리 산업에 불확실성을 키울 확률이 높아진 것이다. 화이트리스트 제외로 영향을 받는 품목이 1,000개가 넘는다. 특히 첨단소재와 전자부품은 큰 영향을 받을 것으로 예상된다. 우리 정부가 미래 먹거리로 선정한 수소경제에 탄소섬유도 포함되었다.

이처럼 무역 전쟁, 경제 전쟁에서 산업에 필요한 물자와 자원을 끊어 상대국의 경제에 타격을 주는 경우가 많다. 국가의 외교적 관계나 희귀 자원의 국가 전략화에 따른 공급자 위협은 항상 존재한다. 그래서 자원과 식량은 안보 차원에서 접근해야 한다. 국가 차원에서는 전략적으로 필요한 자원의 수입은 수입선을 다변화해야 한다. 기업은 외부 환경의 영향을 덜 받기 위해 CRM(고객관계 관리), SCM(공급망 관리) 등과 같은 경영전략시스템을 구축해 고객 위협이나 공급자 위협에 대비해야 한다. 그렇지 않으면 제2, 제3의 화이트리스트 위기가 올 수 있음을 명심해야 한다. 지금의 한일 수출 갈등과 2010년의 중일 갈등이 묘하게 닮아 있어 보급의 중요성을 다시 한번 강조하지 않을 수 없다.

전투의 승리는 작전에 있지만 전쟁의 승리는 보급에 있습니다. 인생도 장기적인 목표를 이루려면 하루하루의 충전이 필요합니다.

온전히 이기는 전승, 부전승을 하라

〈모공〉편 개요

'모공謀攻'이란 '교묘한 책략으로 적을 굴복시킨다'는 뜻이다. 싸우지 않고 적을 굴복시키는 방법을 모공지법이라 한 데서 '모공'이라는 편명이 연유했다.

손자는 전쟁의 스펙트럼으로 벌모伐謀, 벌교伐交, 벌병伐兵, 공성攻城의 네 가지를 제시한다. 벌모는 적의 계책을 치는 것으로 적의 마음을 변화시켜 굴복시키는 것이다. 벌교는 외교를 쳐서 적을 고립시켜 굴복시키는 것이다. 벌병은 적의 군사력을 쳐서 굴복시키는 것이고, 공성은 성을 공격하는 것이다. 다시 말하면 벌모와 벌교는 싸우지 않고 이기는 것이고, 벌병과 공성은 싸워서 이기는 것이다. 이 중 손자는 벌모를 최고의 교묘한 책략으로 쳤고, 다음으로 벌교, 그리고 공성을 최하책으로 생각했다.

손자는 싸우지 않고 이기는 것을 중하게 여겼다. 《손자병법》을 싸우지 않고 온전히 이긴다 하여 온전할 전全의 전승全勝사상, 또는 싸우지 않고 이긴다 하여 부전승不戰勝 사상이라고 하는 이유가 여기에 있다.

손자는 이어서 승리하기 위한 다섯 가지 원칙 지승유오知勝有五를 제시하고 있다. 이를 풀면 '대세 판단', '작전적 숙달', '전투 의지 및 단결', '신중성 유지 및 실수 방지', '지휘 통솔'이다.

《손자병법》에서 가장 잘 알려진 문구인 '지피지기知彼知己 백전불태百戰不殆'에 관해서도 이 편에서 명쾌하게 설명하고 있다. '지피지기'의 경우 제10편 〈지형〉에서도 다시 언급된다. 또 지피지기에 더해 지地와 천天까지 알면 승리가 온전하다고 말하고 있다.

● 적을 온전한 채로 굴복시키는 것이 상책이다

孫子曰. 凡 用兵之法에 全國爲上 破國次之하고
손 자 왈 범 용 병 지 법 　 전 국 위 상 파 국 차 지

全軍爲上 破軍次之하고 全旅爲上 破旅次之하고
전 군 위 상 파 군 차 지 　 전 려 위 상 파 려 차 지

全卒爲上 破卒次之하고 全伍爲上 破伍次之니라.
전 졸 위 상 파 졸 차 지 　 전 오 위 상 파 오 차 지

是故로 百戰百勝이 非善之善者也요
시 고 　 백 전 백 승 비 선 지 선 자 야

不戰而屈人之兵이 善之善者也라.
부 전 이 굴 인 지 병 선 지 선 자 야

손자가 말하였다. 용병의 법에 있어서 적국을 온전한 채로 굴복시키는
것이 상책이요, 적국을 깨뜨려서 굴복시키는 것은 차선책이다.

적의 군軍(1만 2,500명), 여旅(500명), 졸卒(100명), 오伍(5명) 등을 온전한
채로 굴복시키는 것이 상책이요, 그것들을 깨뜨려서 굴복시키는 것은 차
선책이다.

이런 까닭에 백 번 싸워 백 번 이기는 것은 최선의 방법이 아니다.

싸우지 않고 적군을 굴복시키는 것이 최선의 방법이다.

● 최상의 용병법은 적의 의도를 봉쇄하는 것이다

故로 上兵 伐謀하고 其次 伐交하고 其次 伐兵하고 其下 攻城이라.
고 　 상 병 벌 모 　 기 차 벌 교 　 기 차 벌 병 　 기 하 공 성

攻城之法이 爲不得已니 修櫓轒轀 具器械를 三月而後成하고
공 성 지 법 위 부 득 이 　 수 로 분 온 구 기 계 　 삼 월 이 후 성

距闉을 又三月而後已니
거 인 우 삼 월 이 후 이

將不勝其忿 而蟻附之하여 殺士卒三分之一而城不拔者는
장 불 승 기 분 이 의 부 지 　 　 살 사 졸 삼 분 지 일 이 성 불 발 자

此 攻之災也라.
차 공 지 재 야

　그러므로 최상의 용병법은 적국의 생각이나 의도를 쳐서 적을 굴복시
키는 것이고, 그다음은 적의 외교관계를 끊어 적을 고립시켜 이기는 것이
다. 그다음은 군대를 치는 것이고, 최하는 적의 성을 공격하는 것이다.

　성을 공격하는 방법은 부득이한 경우에만 해야 한다. 왜냐하면 성을 공
격하기 위해 방패나 공성용 병기를 수리하고 각종 장비를 갖추는 데 3개
월이 지나야 이루어지고, 성벽 공격용 토산을 쌓는 데 또 3개월이 지나야
완성되는 것이다.

　이렇게 성을 공격하려면 전투가 장기화된다. 그런데 장수가 분을 이기
지 못하여 준비 없이 병사들을 성벽에 개미떼처럼 기어오르게 하여, 그중
3분의 1을 죽게 하고서도 성을 함락시키지 못한다면, 이는 공성으로 인한
재앙이다.

● 전투를 하지 않고 적을 굴복시킨다

故로 善用兵者는 屈人之兵하되 而非戰也오 拔人之城하되
고 　 선 용 병 자 　 굴 인 지 병 　 이 비 전 야 　 발 인 지 성

而非攻也요
이 비 공 야

毀人之國하되 而非久也요 必以全爭於天下라
훼 인 지 국 　 이 비 구 야 　 필 이 전 쟁 어 천 하

故로 兵不頓而利可全이니 此는 謀攻之法也니라.
고 　 병 부 둔 이 리 가 전 　 차 　 모 공 지 법 야

그러므로 용병을 잘하는 자는 적의 부대를 굴복시키되 전투 없이 하고, 성을 함락시키되 공성 없이 하고,

적국을 허물어뜨리되 오래 끌지를 않는다. 반드시 온전한 상태로 천하의 승부를 겨룬다.

그러므로 군대도 둔해짐이 없고 그 이익도 가히 온전할 것이니, 이것이 모공의 법칙이다.

● 전력 차이에 따라 상이한 용병술을 적용한다

故로 用兵之法이 十則圍之하고 五則攻之하고 倍則分之하고
고   용병지법   십즉위지   오즉공지   배즉분지

敵則能戰之하고 少則能守之하고 不若則能避之라
적즉능전지   소즉능수지   불약즉능피지

故로 小敵之堅은 大敵之擒也니라.
고   소적지견   대적지금아

그리고 용병의 법에 있어서 적보다 열 배 우세하면 적을 둘러싸서 포위할 수 있고, 다섯 배 우세하면 일방적으로 공격할 수 있고, 두 배 우세하면 분할 운용이 가능하고, 적과 전투력 비가 대등하면 현명하게 전투해야 하고, 적보다 적으면 현명하게 방어해야 하고, 상대가 안 될 정도이면 현명하게 피해야 한다.

고로 적보다 적은 부대가 무리하게 적에게 대항하면 큰 적에게 사로잡힐 것이다.

● 장수는 나라의 기둥, 군주는 함부로 군을 간섭해서는 안 된다

夫 將者는 國之輔也니 輔周則國必强하고 輔隙則國必弱이라
부 장자 국지보야 보주즉국필강 보극즉국필약

故로 君之所以患於軍者 三이니
고 군지소이환어군자 삼

不知軍之不可以進하고 而謂之進하며
부 지 군 지 불 가 이 진 이 위 지 진

不知軍之不可以退하고 而謂之退를 是爲縻軍이요
부 지 군 지 불 가 이 퇴 이 위 지 퇴 시 위 미 군

不知三軍之事하고 而同三軍之政이면 則軍士惑矣요
부 지 삼 군 지 사 이 동 삼 군 지 정 즉 군 사 혹 의

不知三軍之權하고 而同三軍之任이면 則軍士疑矣리니
부 지 삼 군 지 권 이 동 삼 군 지 임 즉 군 사 의 의

三軍이 旣惑且疑면 則諸侯之難이 至矣리니 是謂亂軍引勝이라.
삼 군 기 혹 차 의 즉 제 후 지 란 지 의 시 위 란 군 인 승

무릇 장수는 나라의 중요한 보좌역이니 보좌가 치밀하면 나라가 반드시 강해지고, 보좌가 엉성하면 나라는 반드시 약해진다.

그러므로 임금으로 인해 군대에 잘못이 생기는 일이 세 가지이니,

군대가 진격할 수 없는 상황임을 알지 못하고 진격하라고 명령하는 것, 이를 일컬어 '군을 속박한다'고 한다.

군의 사정을 알지 못하고 군사 행정에 개입하면 군사들이 미혹될 것이다.

군의 명령 권한(계통)을 알지 못하고 군의 지휘계통과 보직에 개입하면 군사들은 불신할 것이다.

군이 미혹되고 또 불신하면 인접국 침공의 어려움이 닥칠 것이니 이를 일컬어 '군대를 교란해 적의 승리를 끌어들인다'라고 한다.

● 승리를 아는 다섯 가지 조건

故 知勝이 有五하니 知可以與戰 不可以與戰者 勝하고
고　지승　유오　　　　지가이여전　불가이여전자　승

識衆寡之用者 勝하고 上下同欲者 勝하고 以虞待不虞者 勝하고
식중과지용자승　　　상하동욕자승　　　이우대불우자승

將能而君不御者 勝하나니 此五者는 知勝之道也라.
장능이군불어자승　　　　차오자　　지승지도야

승리를 아는 다섯 가지 조건이 있다.

가히 싸울 수 있는지 없는지 아는 자는 이기고, (전력비, 대세 판단)

우세할 때와 열세할 때의 용병법[攻·守]을 아는 자는 이기고, (작전
적 숙달)

상하가 같은 마음을 가지면 이기고, (부대원의 전투 의지와 단결심)

깊은 사려로써 사려 없는 적을 맞는 자는 이기고, (신중, 만전)

장수가 유능하고 임금이 간섭하지 않는 자는 이긴다. (전쟁 지도, 임무형
지휘)

● 적을 알고 나를 알면 백 번 싸워도 위태롭지 않다

故로 曰 知彼知己면 百戰不殆하고
고　　왈　지피지기　　백전불태

不知彼而知己면 一勝一負하고
부지피이지기　　일승일부

不知彼不知己면 每戰必殆니라.
부지피부지기　　매전필태

그러므로 적을 알고 자기를 알면 백 번 싸워도 위태롭지 않고,

적을 모르고 자기만 알면 승부는 반반이며,

적도 모르고 자기도 모르면 싸울 때마다 위태롭다.

싸우지 않고 이기는 것이 최선이다

《성경》의 모든 내용을 한 단어로 압축하면 '사랑'이고, 불교 경전에 나오는 모든 가르침을 압축하면 '자비'일 것이다. 그렇다면《손자병법》의 모든 내용을 한마디로 압축한다면 무엇이 될까? '전승全勝'이다. 온전할 전全에 이길 승勝, 즉 온전히 이긴다는 뜻이다.

전승은 싸우지 않고 나와 적의 피해가 없이 이기는 것을 말한다. 그래서《손자병법》의 사상을 전승全勝사상이라고도 한다. 우리는 백전백승百戰百勝이 대단히 좋다고 생각한다. 하지만 손자는 백전백승이 '비선지선자非善之善者'라고 했다. '비선지선자'는 선 중의 선, 곧 최선이 아니라는 의미다.

대부분의 병서와 전략서는 싸워서 이기는 전쟁을 다룬다. 하지만 손자는 싸우지 않고 이기는 전쟁까지도 전쟁의 범주에 포함시켰다. 벌모

伐謀와 벌교伐交는 싸우지 않고 이기는 전쟁이고, 벌병伐兵과 공성攻城은 싸워서 이기는 전쟁이다. 백전백승을 하면 아군과 적군의 피해가 불가피하다. 손자는 백전백승보다도 피해 없이 이기는 것을 최선의 안이라고 생각해 전쟁의 스펙트럼을 넓게 잡은 것이다.

벌모와 벌교

벌모는 칠 벌伐에 꾀 모謀로 적의 꾀를 친다는 의미다. 적의 마음과 의도를 쳐서 굴복시키는 것이다. 벌교는 칠 벌伐에 사귈 교交로, 적의 외교관계를 차단해 적을 고립시켜 굴복시키는 방법이다. 벌모와 벌교는 싸우지 않고 이기는 방법이다.

벌모와 벌교는 비슷한 듯하지만 미묘한 차이가 있다. 벌모는 전쟁의 의지를 자발적으로 잃게 만드는 것이다. 반면에 벌교는 강압적으로 전쟁의 의지를 꺾는 것이다. 그래서 의지를 꺾더라도 자발적인 포기가 아니므로 여건이 조성되면 다시 전의가 되살아날 수 있다는 단점이 있다.

벌병과 공성

벌병은 적의 군사력을 치는 것이고, 공성은 적의 성을 공격해서 함락시키는 것이다. 벌병과 공성은 싸워서 이기는 방법이다. 그런데 손자는 싸워서 이기더라도 적과 아군의 피해를 최소화해서 이기라고 강조한다. 피해가 극심한 공성은 불가피할 때만 쓰라고 역설했다. 공성을 하더라도 군사력으로 함락하기보다 심리전이나 기만을 통해 이기라고 했다.

공성을 하면 전쟁이 장기화되고 인적 물적 피해가 커진다. 아울러 성 안에는 군대뿐 아니라 주민들도 같이 살고 있다. 성 주민들의 원한을 사게 되면 이 원한은 또 다른 갈등의 불씨가 될 수 있다.

서희의 통쾌한 외교 담판

우리 역사상 싸우지 않고 이긴 가장 위대한 승리의 사례를 하나만 꼽으려면 서희의 외교 담판을 들 수 있다.

서기 993년 거란이 고려를 1차 침입했다. 정사를 보면 916년 만주 일대에 거란이 요遼나라를 세웠다. 거란은 당시 중국 송宋나라를 공격 목표로 삼고 있었다. 하지만 거란은 송나라와 전쟁하기 전 후방에 자리 잡고 있던 고려가 눈엣가시였다. 고려는 송나라와 우호 관계를 맺고 있었기 때문이다. 이에 거란은 고려를 공격할 계획을 세우고 장수 소손녕과 80만 대군을 고려로 보냈다. 이것이 1차 거란 침입이다.

이때 고려 조정에서는 항복하자는 의견과 서경 이북의 땅을 내주고 절령岊嶺을 경계로 삼자는 할지론割地論 등이 나왔다. 이에 성종도 할지론을 따르려고 했으나, 적장의 의도를 간파한 서희는 여진족의 침입이 영토의 확장에 있지 않음을 눈치채고 왕의 동의를 받아 직접 적진에 나아가 소손녕과 담판을 벌인다. 거란은 당시 동아시아 최강의 군사대국이었다. 서희가 이런 결정을 내리기까지 엄청난 용기가 필요했을 것이다.

이 담판에서 소손녕은 "고려는 신라 땅에서 일어났는데 우리가 소유하고 있는 고구려 땅을 차지하고 있고, 우리나라와 땅을 인접하고 있으면서도 바다 건너 송을 섬기고 있다"고 지적했다. 이어 "만약 땅을 바치고 수교를 하면 무사할 것"이라고 했다.

이에 서희는 "우리나라는 고구려를 옛 터전으로 했으므로 고려라 이름하고 평양을 도읍으로 했다. 만일 지계地界로 논한다면 남의 땅을 차지하고 있는 것은 우리가 아니라 바로 거란이다. 압록강 안팎은 길이 막히고 어려움이 바다를 건너는 것보다 심하다. 거란과 친하게 지내고 싶지만 여진이 오고 가는 길을 가로막고 있으니 어쩔 수가 없다. 만약에 여진을 쫓아내고 우리의 옛 땅을 되찾아 성을 쌓고 길이 통하게 된다면 어찌 수교하지 않겠는가"라며 반박했다.

서희가 논리적이고 당당하게 답하자 소손녕은 수긍하고 군사를 돌리고, 고려가 압록강 동쪽 280리의 땅을 확보하는 데 동의했다. 이렇게 서희는 싸우지 않고 이겼으며 전쟁의 요충지가 되는 좋은 땅까지 확보하는 쾌거를 이뤘다. 이때 얻게 된 강동6주*는 험악한 산악지대라 거란전쟁에서 유리한 방어 진지를 형성했고 조선시대까지도 중요한 요충지가 됐다.

서희 장군은 담판을 통해 벌모와 벌교를 동시에 이뤄냈다. 우선 거란 소손녕의 고려 침입 의도를 정확히 간파해 그의 의지를 깼다. 아울러 여진족을 공동의 적으로 몰아 압록강 이남 땅은 고려가 갖고 압록강 이북 땅은 거란이 갖도록 해서 협력관계를 유지했다. 실질적으로 여진에 대한 동맹관계를 맺음으로써 거란과 고려의 관계는 강화되고 여진 땅을 갖게 될 수 있었다.

---

* 홍화(의주), 용주(용천), 통주(선천), 철주(철산), 귀주(귀성), 곽주(곽산)

현대전에서의 최선

전쟁의 문턱이 점점 낮아지고 있는 오늘날 손자의 전쟁관은 우리에게도 시사하는 바가 크다. 과학기술이 발전하면서 무기들이 첨단화·고도화되어 정치 지도자들이 전쟁을 더 쉽게 개시할 수 있게 됐다. 정밀화된 무기로 필요한 부분만 타격하면 정치적 목적을 달성할 수 있다고 믿기 때문이다. 의도하는 목표물을 외과수술을 하듯 쉽게 도려내 전쟁을 빨리 끝낼 수 있다고 착각하기 쉽다.

일례로 미국은 2001년 9·11테러 발생 후 아프간전쟁을 개시했다. 9·11테러는 이슬람의 알카에다 조직과 그 수장 오사마 빈라덴이 민간비행기 네 대를 탈취해 일으킨 끔찍한 테러다. 테러 세력은 민항기 두 대로 미국 경제의 심장부인 세계무역센터 건물로 돌진했다. 다른 한 대의 민항기로는 미국 안보의 중심인 펜타곤을 공격했다. 남은 한 대는 중간에 추락했다. 이 테러로 인해 많은 인명피해가 발생하고 미국은 공황에 빠졌다. 미국 시민들의 감정은 격앙될 수밖에 없었다.

미국 정부는 9·11테러에 대한 보복과 오사마 빈라덴을 주축으로 한 알카에다 조직을 제거할 목적으로 테러가 발생한 지 한 달이 채 안 지난 10월 7일 아프간전을 일으켰다. 오사마 빈라덴과 알카에다 조직을 단기간에 제거할 수 있을 것으로 예상했으나 전쟁은 장기화했다. 아프가니스탄은 지금도 안정을 찾지 못했고 오사마 빈라덴은 아프간전을 치른 지 10년이 지난 후에야 사살됐다. 그리고 미국은 테러 발생 후 2년이 지나지 않은 2003년 3월, 이라크전쟁을 감행했다. 이라크가 테러 세력들을 지원하고 대량 살상 무기를 보유하고 있으니 이를 제거해야 한다는 명분이었다. 미국은 단기간에 이라크의 후세인을 제거하고 전쟁을 종결할 것으로 예상했다. 그러나 이라크전쟁의 안정화 작전이 장기화됐다. 지금도 이라크는 혼란 속에 있다.

미국의 무기가 첨단화되지 않았다면 이처럼 빠른 전쟁 개시는 어려웠을 것이다. 이러한 예만 보더라도 손자의 전쟁관에서 교훈을 찾을 수 있다. 전쟁은 신중히 해야 한다는 것이다. 전쟁을 하기 전에 벌모와 벌교를 사용하고 최악의 경우에만 전쟁을 해야 하며 전쟁을 하더라도 피해를 최소로 하는 벌병을 실시하는 것이 현명하다.

상대와 싸우지 않고 이기는 생활의 지혜

벌모는 부모와 자식 관계, 직장의 상하 관계, 동료와의 관계, 친구와 연인 관계에서도 전략적으로 활용할 수 있다. 벌모를 하면 원하는 바를 이루면서도 건강한 인간관계를 유지할 수 있다.

일단 벌모와 벌교는 현명한 훈육법이 된다. 중학생인 자녀가 스마트폰 중독으로 해야 할 일에 소홀한 경우가 있다고 해보자. 대다수 부모는 감정적으로 바로 혼을 내기 쉽다. 이것이 싸우고 이기는 벌병이다. 하지만 벌병의 효과는 일시적이고 자녀는 엇나가기 쉽다. 이럴 때는 자녀의 생각과 의지를 바꾸는 것이 무엇보다 중요하다. 전략적 벌모를 해야 한다. 일단 자녀와 대화를 해보자. "너의 꿈은 무엇이니? 그 꿈을 이루기 위해서는 어떻게 해야 하니?"라고 대화를 시작해보자. 스마트폰 중독을 해결해야겠다는 의지와 방안이 자녀의 머릿속에서 나오도록 하는 것이 핵심이다. 그리고 꿈을 지지해줘야 한다. 만약 연예인이 꿈이라면 방송국, 법조인이라면 법원 등에 같이 가주는 것이다. 인내가 필요할 수 있겠지만 사실 가장 효과적인 방법이다.

이렇게 해도 안 되면 자녀의 친한 친구 등 영향력 있는 주변 사람들에게 도움을 청해 자녀를 설득하여 스스로 행동을 바꿀 수 있도록 동기를 부여할 필요가 있다. 그리고 이것조차 효과가 없다면 용돈을 줄이거나 시간을 직접 통제하는 등 제재를 가하는 수를 취해야 한다.

자신을 알고 남을 알면 이해도 공감도 가능합니다. 국가 간에도, 사회나 가정에서도 싸우지 않고 이기는 것이 최선입니다.

적을 알고 나를 알면
백전불태

나는 누구인가라는 물음에 정확히 답할 수 있는 사람이 몇이나 될까? 하지만 대부분의 사람은 자신을 잘 안다고 생각하고 자신이 누구인지 고민하지 않는다.

왜 이런 일이 생길까? 인지심리학에서 해답의 실마리를 찾을 수 있다. 인지심리학에 따르면 우리 뇌는 친숙한 것에 관해서는 이미 알고 있다고 착각하는 경향이 있다. 익숙한 것에 관해서는 더는 궁금해하거나 고민을 하지 않는다. 그래서 자신에 관해서는 굉장히 잘 알고 있다고 착각하고 제대로 진단하지 않는 경우가 많다.

상대에 관해서도 마찬가지다. 늘 관련 소식을 전해 듣다 보니 잘 안다고 착각하는 경우가 많다. 그래서 자신을 알고 남을 안다는 것은 참으로 어렵다. 손자는 이미 2,500년 전 자기를 알고 적을 아는 것이 매우 중요하다고 설파했다.

많은 사람이 《손자병법》은 몰라도 '지피지기면 백전백승'이라는 말은 들어보았을 것이다. 그런데 사실 이것은 틀린 말이다. '지피지기면 백전불태'라는 어구가 어떻게 된 일인지 '지피지기면 백전백승'이란 말로 바꾸어 널리 알려지게 되었다. 적을 알고 나를 알면 백 번 싸워 백 번 이기는 것이 아니라, 적을 알고 나를 알면 백전불태, 즉 백 번 싸워도 위태롭지 않다가 정확한 어구다.

승리의 기본은 지피지기

우선 손자가 말한 '지피지기'를 살펴보자. 손자는 7계를 통해 상대국과 국력 및 군사력을 비교해 승산이 있으면 전쟁을 하고 승산이 없으면 전쟁을 해서는 안 된다고 했다. 이 7계의 비교 항목을 알면 지피지기를 하는 데 도움이 될 것이다.

7계의 비교 요소에서 첫째는 어느 국가가 더 임금과 백성들이 한뜻으로 잘 뭉치는가를 보는 것이다. 그리고 둘째로 어느 국가의 군대에 능력 있는 장수들이 많은지 봐야 한다. 셋째로 어느 국가가 천시와 지리를 더 잘 이용하고 있는지 살펴야 한다. 넷째로 어느 국가가 법과 명령이 더 일사불란하게 시행되고 있는지 파악해야 한다. 다섯째로 어느 군대가 더 강한지, 여섯째로 어느 국가의 장병이 더 훈련이 잘되어 있는지를 봐야 한다. 일곱째로 어느 국가의 상벌이 더 명확히 행해지고 있는지, 즉 법 집행이 잘되고 있는지를 봐야 한다.

지기知己의 답은 현장에 있다. 부대 현장에 찾아가 자신을 진단해야 한다. 그리고 진단한 결과를 토대로 능력과 태세를 갖추도록 노력해야 한다. 적과 나를 파악했다면 피아를 비교해 새로운 무기체계와 전법을 만들어내야 한다. 즉, 적의 강약점과 나의 강약점을 기초로 나의 약점을 보완하고 강점을 극대화하는 무기체계를 발전시키고 전법을 만들어내야 한다. 예를 들어 적이 가진 무기의 유효 사거리를 알면 유효 사거리 밖에서 전투를 실시해 부대를 보존하고 적에게 피해를 주어야 한다.

이에 더해 현대적인 관점에서의 지피는 적의 의도, 능력, 태세를 살피는 것이다. 우선 적이 공격할 의도가 있는지 없는지를 파악해야 한다. 그리고 적의 능력이 어느 정도 수준인지 아는 것이 중요하다. 군사의 훈련 정도, 무기체계의 능력사항과 제한사항, 보급 시스템, 물자, 군의 사기 등을 알아야 한다. 마지막으로 태세를 살펴야 한다. 적이 현재 어느 정도의 힘을 발휘할 수 있는 태세인지 보는 것이다.

적을 알기 위해서는 적에 대한 정보를 끊임없이 수집하고 판단해야 한다. 손자는 적의 정보 파악을 위한 예산을 아껴서는 안 된다고 강조했다. 나를 안다는 것도 이와 상응한다.

나를 아는 것과 적을 아는 것 중 어느 것이 우선일까?

모두 중요하지만 나를 아는 것이 우선이다. 자신의 부대 상태를 진단하고 능력을 강화하고 태세를 확고히 하는 것이 무엇보다 중요하다. 손자도 적이 공격할지는 내게 달려 있다고 말한다. 나의 능력이 강하고 태세가 확고하면 적이 감히 공격하지 못할 것이고 내가 약하면 적이 공격할 공산이 커진다.

백전백승 vs. 백전불태

손자는 왜 백전백승이 아니라 하필 백전불태라고 했을까? 승리하는 것이 더 그럴싸하고 멋있게 느껴지는데 말이다. 손자는 많은 희생이 따르는 승리보다 위태롭지 않은 것이 더 낫다고 생각했다. 왜냐하면 우리는 한 경쟁자와 싸우는 것이 아니라 다른 수많은 경쟁자에 둘러싸여 있기 때문이다. 승리했더라도 출혈이 크다면 추후 다른 경쟁자로부터의 공격에 취약해질 수 있다.

특히 《손자병법》이 태동된 춘추전국시대는 140여 제후국, 7개 제후국이 쟁패를 벌이던 시기였다. 국가 간 전쟁이 치열하게 벌어지고 있었기 때문에 손자는 승패를 떠나 위태롭지 않은 것을 최선으로 여겼다. 승리하더라도 피해가 너무 크면 바로 인접 제후국의 침입을 받게 된다. 그러면 다시 위기가 오게 된다. 그래서 피해를 최소화하고, 단기간에 이기는 것이 중요했다.

이순신 장군의 '지피지기 백전불태'

'지피지기 백전불태'를 잘 수행한 역사적 인물로는 우선 이순신 장군을 꼽을 수 있다. 이순신 장군은 임진왜란이 일어나기 1년 전쯤인 1591년 2월에 전라좌수사에 임명됐다.

장군이 임지에 가서 가장 먼저 한 일이 조선 수군에 대한 진단과 당시 가장 큰 적이던 왜군에 관한 분석이었다. 이순신 장군은 왜군이 곧 침략할 것임을 간파하고 조선 수군의 능력을 강화하고 대비 태세를 확고히 하는 데 노력을 기울였다. 당시 조선 수군의 기본 함선인 판옥선을 정비하고, 총통을 보강하고, 진지를 보수하고, 전쟁 물자를 확보하고, 병사들의 훈련에 박차를 가했다. 조선 수군과 왜의 수군이 지닌 강약점을 분석해 새로운 무기체계와 전법도 개발해냈다. 당시 왜군의 강점이던 근접전을 차단하고 적진에 돌격하기 쉬운 거북선을 만들어낸 것이다. 부하 장수 나대용의 건의를 받아 만든 거북선은 판옥선의 2층 구조 위에 지붕을 덮어 창과 철심을 박은 형태였다. 임란이 일어나기 하루 전날 거북선이 최종적으로 완성돼 지자총과 현자총 실험에 성공했다고 하니 이순신 장군의 선견지명이 놀라울 뿐이다.

아울러 왜군에 대항할 수 있는 맞춤형 전법을 만들어냈다. 조선 수군의 원거리 전투와 화포의 강점을 십분 살린 학익진법이다. 학이 날개를 펴듯 적이 공격을 시작하면 좌우를 크게 에워싸 화력전을 벌이는 방식이다. 순간 대량 집중사격의 한 전투 대형이었다.

이순신 장군이 예견한 대로 실제 왜군은 1592년 조선에 쳐들어왔다. 임진왜란이 발발한 것이다. 왜군은 파죽지세로 한양을 거쳐 평양까지 침략해 들어갔다. 이때 중요한 것이 보급이었다. 왜군은 해상을 통해 보급 물자를 전달받아야만 했다. 이순신 장군은 때를 놓치지 않고 보급선을 끊는다. 남해에서 왜군을 격파한 것이다. 전투 때 이순신 장군이 만든 거북선과 학익진법이 효과를 톡톡히 발휘한다. 거북선엔 감히 왜군들이 올라올 수 없고, 게다가 거북선은 360도 화포를 쏠 수 있어 막강한 돌격선 역할도 해낸다. 한산도 대첩에서는 학익진법으로 기세등등하던 왜군을 대파한다. 놀랍게도 이순신 장군은 23전 23승이라는 믿을 수 없는 역사를 써냈다. 이에 왜군은 조선 침략을 포기하고 물러간다.

여기에 23전 23승이라는 기록보다 더 놀랍고 중요한 사실이 있다. 이순신 장군이 피해를 최소화하는 전투를 했다는 점이다. 이순신 장군이 수행한 전투 대부분은 조선 수군의 피해는 최소화한 상태에서 왜군에 큰 타격을 주었다. 이는 원균이 삼도수군통제사를 맡고 있을 때 조선 수군을 위기로 내몬 것과는 대조적이다. 이순신 장군이 삼도수군통제사 지위를 박탈당하고 백의종군했을 때, 원균은 크게 승리하기 위해 전 조선의 수군과 약 160척을 끌고 칠천량 전투를 벌인다. 원균은 이때 단 한 번의 전투에 패함으로써 약 150척에 가까운 함선을 잃고 조선 수군 2만 여 명이 전멸하다시피 했다. 겨우 12척만이 남았다. 조선을 풍전등화의 위기에 빠뜨린 것이다.

반면 이순신 장군은 전투마다 조선 수군의 피해를 최소화하는 전술을 통해 남해와 서해의 제해권을 지켜냈다. 이순신 장군은 백전불태白戰不殆 정신을 누구보다 모범적으로 이행한 것이다.

기업의 지피지기, SWOT 기법

경제 분야에서 지피지기 백전불태와 유사한 기법으로 SWOT 분석이 있다. SWOT는 네 단어의 첫 글자를 딴 것으로, S는 강점strength, W는 약점weakness, O는 기회opportunity, T는 위협threat을 뜻한다. SWOT은 기업의 내부 요인과 외부 요인을 종합적으로 분석하여 기업이 현 상황에 맞게 어떤 전략을 실행해야 하는지를 분석하는 도구다. 기업의 내부 요인은 기업 내부에서 통제할 수 있는 요소다. 지기知己와 유사한 개념이며, 강점과 약점으로 구분하는 것이 먼저다.

기업의 외부 요인은 지피知彼와 유사한 개념으로 기업 내부에서 통제할 수 없는 요소를 말한다. 시장, 경쟁사, 소비자로 압축할 수 있다. 시장, 경쟁사, 고객을 분석해 기회 요인과 위협 요인으로 구분한다.

먼저 지피의 경우 기업 외부 요인 분석은 시장 분석을 통해 주로 이뤄진다. 시장 분석의 구조는 거시적 시장 분석, 미시적 세부시장 분석, 경쟁사 분석, 소비자의 욕구 파악 등으로 이루어진다.

빅데이터의 시대가 도래한 지금은 SWOT 분석을 할 때 빅데이터 기법을 활용한 지피도 필요하다. SWOT 분석 중 외부 환경을 평가할 때는 대상 시장, 경쟁사, 소비자 중 소비자를 무엇보다 중시할 필요가 있다. 빅데이터를 활용해 우리는 소비자가 구체적으로 언제 어디서 무엇을 원하는지도 알 수 있게 됐다. 그러한 정보를 활용해 기회 요인과 위기 요인을 도출하고 우리 기업만이 할 수 있는 것을 찾아내는 것이 성공의 열쇠가 될 수 있다. 즉, 이를 통해 기업 내부 요인에서 도출한 기업의 강점과 약점을 기회와 위기 요인에 어떻게 적용할 것인가를 따져 새로운 전략을 수립하는 것이다.

SWOT 분석을 통해 네 가지 전략을 세울 수 있다. S-O, S-T, W-O, W-T 전략이다. S-O 전략은 기업에 강점이 있고 기회가 온 것을 의미한다. 공격적 전략이 필요하다. S-T 전략은 기업에 강점이 있으나 위협이 왔을 때 사용하는 전략이다. 기업의 강점, 즉 다른 기업에 없는 우리 기업의 핵심역량을 잘 활용해야 한다. 신기술, 신고객, 신개념이 적용된 전략이 필요하다. W-O 전략은 우리 기업에 약점이 있으나 기회가 왔을 때 사용하는 전략이다. 좋은 기회를 활용해 우리 기업의 약점을 상쇄해야 한다. 기업 혁신 전략이 필요하다. W-T 전략은 우리 기업에 약점이 있고 위협이 왔을 때 사용하는 전략으로 가장 좋지 못한 상황에 사용한다. 방어적이고 보수적인 전략을 짜야 한다.

SWOT 분석을 통해 새로운 전략을 도출할 때는 백전불태의 정신으로 하는 것이 중요하다. 전략이 지나치게 모험적이어서 실패 시 기업이 위태로워져서는 안 된다. 전략을 수립할 때는 기업에 위험이 되는 위태로운 안은 배제해야 한다.

대다수 기업이 SWOT 분석을 통해 전략을 수립하는데 어떤 기업은 성공하고 어떤 기업은 실패한다. 실패한 기업들의 경우를 보면 내·외부 환경평가에서 실수를 했을 확률이 높다. 또는 SWOT 분석을 CEO가 제시하는 안을 합리화하는 도구tool로 사용하는 경우도 많다.

명의는 환자가 왔을 때 정확한 진단에 중점을 두고 진료한다. 정확하지 못한 진단으로 오진을 하면 아무리 좋은 처방도 소용이 없다. 명의는 정확한 진단을 위해 환자와 면담하고 MRI, X-Ray 등 다양한 기술적 검사를 병행한다. 정확한 진단이 내려지면 환자에 대해 적절한 처방을 할 수 있다. 기업도 의사의 예처럼 정확한 내외부 환경평가에 노력을 기울일 필요가 있다.

상대의 상점과 약점, 나의 강점과 약점을 비교해보세요. 그리고 지금 자신의 단점에 좌절하지 마세요. 그보다는 기회를 만드는 데 집중하세요.

승리의 5원칙,
지승유오

지승유오知勝有五는 한마디로 승리의 5원칙이라고 할 수 있다. 여기에는 많은 이의 목숨과 국가의 존망을 걸고 치열하게 사투하던 춘추전국시대에 전쟁에서 이겨야만 했던 당대의 고민과 손자의 지혜가 함께 담겨 있다.

지승유오를 풀이해서 요약하면 첫째 대세 판단, 둘째 집중과 절약, 셋째 단결, 넷째 신중성 유지 및 실수 방지, 다섯째 지휘통솔이다.

원칙1 _ 대세 판단을 잘하라

손자는 대세 판단 통해 전투를 할지 말지 판단하는 것이 중요하다고 했다. 대세 판단은 적과 아군의 전투력 비율을 비교해 실시한다. 전투력 비율을 비교해 내가 적보다 유리하면 전투를 하지만 불리하면 전투를 피해야 한다고 했다. 전투력 비율이란 나와 적의 병력, 무기와 장비, 무기의 효과 등을 비교한 수치다. 전쟁 결심을 주먹구구식으로 해서는 안 되고 치밀한 수학적 계산 하에 해야 함을 강조하고 있다.

이는 아주 당연하면서도 과학적인 원리다. 권투나 유도, 태권도 같은 운동경기에서도 경기자의 체급에 따라 경기가 나뉘어 진행된다. 체중, 즉 질량이 힘의 크기를 좌우하는 큰 요소이기 때문이다. 라이트급 선수가 아무리 기술과 기량이 뛰어나다 해도 헤비급 선수의 벽을 넘기란 쉽지 않다.

손자는 전투력 비율에 따라 다양한 작전을 구사해야 한다고 설명했다. 예컨대 적보다 내가 전투력 비율이 열 배라면 적을 둘러싸서 포위 공격할 수 있다. 다섯 배면 여러 방면에서 일방적인 공격이 가능하고, 두 배 이상이면 나의 병력을 두 군데로 나누어 적을 공격할 수 있다.

적과 나의 전투력 비율이 비슷하면 슬기롭게 전투를 해야 한다고 했다. 적보다 내가 전투력 비율이 열세하면 공격은 하지 말고, 슬기롭게 방어해야 하고, 내가 적보다 아주 열세하여 상대가 안 되면 슬기롭게 회피해야 한다고 했다. 정치 지도자나 리더의 잘못된 판단으로 이를 무시하거나 간과해서 전투 능력이 되지 않는데도 전쟁을 벌이면 엄청난 피해와 함께 패배를 맞게 될 것이다. 대세 판단은 승리를 얻는 원칙 다섯 가지 중 가장 중요한 원칙이다.

원칙2 _ 집중과 절약을 잘하라

싸우기로 결심했다면 결정적 전투지역에 적보다 압도적인 병력을 집중적으로 운용해야 한다. 결정적 전투란 전투의 승패가 결국 치명적인 전쟁의 승패로 연결되는 전투다. 이러한 결정적 전투지역에 적보다 전투력 비율을 압도적으로 높여 투입해야 한다. 그러기 위해선 전략적으로 중요도가 떨어지는 곳에서는 과감히 병력과 전투력을 줄여 절약해야 한다. 이러한 집중과 절약은 운용술의 백미라고 할 수 있다.

전쟁사를 분석해보아도 전투력 비율의 함수관계는 정직한 결과로 드러난다. 전투력 비율이 열세한데 이기는 경우는 우세한 측이 결정적 실수를 한다거나 기습 공격일 때를 제외하고는 거의 없다. 간혹 전쟁사에 전반적인 병력 규모가 상대보다 아주 열세한데 이기는 경우가 있다. 사실 이것도 분석해보면 결정적 전투 현장에서는 전투력 비율이 순간적으로 높았기 때문이다.

임진왜란이 발발했을 때 이순신 장군이 배 13척만을 가지고 왜의 수군 133척을 물리친 명량대첩을 보자. 조선 수군의 전투력 비율은 왜군과 비교하면 함선 수만 비교해도 열 배나 열세했는데도 대승을 거둔다. 결정적 전투가 이루어지는 지점에서는 조선 수군의 전투력 비율이 왜의 수군과 비슷하거나 우세했기 때문이다.

이순신 장군은 열세한 병력을 극복하기 위해 전투지역을 좁고 물살이 센 울돌목으로 정했다. 울돌목은 폭이 300미터 정도다. 함선이 횡대로 서면 10척 정도까지만 배치될 수 있다. 그래서 왜 수군이 133척이라해도 조선 수군과 마주하는 실질적인 일본 함선은 10척 내외였다. 만약 13척의 조선 수군이 넓은 바다에서 왜 수군 133척과 싸웠다면 천하의 이순신 장군도 승리하기 어려웠을 것이다.

원칙3 _ 같은 욕망 아래 단합하라

상급자와 하급자, 전 구성원이 같은 욕망 아래 단결하면 승리한다는 것이다. 단순한 단결이 아니라 원하는 목표 또는 비전 아래 하나로 뭉치는 것이 중요하다. 이는 작은 조직에서도 마찬가지고 국가 차원에서도 적용되는 원칙이다.

원칙4 _ 신중을 기해 실수를 방지하라

실수를 하면 적이 그 실수를 기회로 삼고 나를 위험에 빠뜨릴 수 있다. 따라서 언제나 실수를 하지 않도록 신중에 신중을 거듭해야 한다. 그리고 적이 실수했을 때를 노려 전광석화같이 공격하는 자세가 필요하다. 수많은 전쟁을 살펴보면 승자가 이긴 것은 승자가 전투를 잘했기 때문이기도 하지만 패자가 어리석게 실수를 했을 경우도 많다. 그렇기 때문에 전쟁사를 분석할 때 승리 원인에 집중하는 것도 좋지만 패자의 실수를 잘 분석해볼 필요도 있다. 그래야 전략적 혜안이 길러진다.

원칙5 _ 지휘 통솔을 잘하라

손자는 유능한 장수를 발탁해서 임명하고, 임명한 후에는 쓸데없이 간섭해서는 안 된다고 했다. 전장은 넓고 불확실한 안개와 같아 변수가 많다. 그런데 먼 조정에서 임금이 쓸데없는 간섭을 하면 전쟁을 그르칠 수 있다. 전투 현장 지휘관에게 권한과 책임을 위임해야 한다. 그러면 현장지휘관은 상황에 맞게 전술을 적용해 승산을 높인다.

이러한 지휘 통솔은 지금으로 말하면 임무형 지휘라고 할 수 있다. 현재 한국군은 임무형 지휘를 지향하고 있다. 예하 지휘관을 유능하게 훈련시키고 상급 부대에서 예하 지휘관에게 임무를 주면 어떻게 임무를 수행할지에 대한 방법은 그 지휘관이 상황을 고려하여 찾아서 시행하는 방법이다. 이것이 잘 되려면 예하 지휘관이 유능해야 하고 이후 상급 지휘관이 쓸데없이 간섭해서는 안 된다.

완벽에 가까운 승리, 중동의 6일전쟁

지승유오를 아주 잘 지켜 승리한 전쟁의 사례가 있다. 중동의 6일전쟁이다. 6일전쟁은 20세기 일어난 전쟁 중 한 나라가 가장 완벽에 가까운 승리를 거둔 전쟁이다. 1948년의 이스라엘 건국 이후 네 차례에 걸쳐 이스라엘과 아랍국가 간에 전쟁이 일어난다. 중동에서 일어났다 하여 이들 전쟁을 통상 중동전쟁이라 한다.

네 차례의 전쟁 중 3차 중동전쟁이 6일전쟁으로, 이스라엘과 주변 아랍국가 간의 빈번한 충돌이 직접적인 계기가 되어 발발하였다. 하지만 근본 원인은 생존권을 확보해야겠다는 이스라엘 측의 의지와 이를 거부하는 아랍국가의 충돌이 전쟁으로 확대된 것이다. 이스라엘은 동북쪽에 시리아가, 동쪽에 요르단이, 남쪽에 이집트가 국경을 맞대고 있다. 이 세 나라에 반원형으로 포위된 형국이다.

6일전쟁이 벌어지기 전 이스라엘 주변은 초긴장 상태로 전운이 감돌고 있었다. 1, 2차 중동전쟁에서 이스라엘에 치욕적인 패배를 한 아랍국가들은 이스라엘을 팔레스타인 지역에서 완전히 몰아내고자 벼르고 있었다. 당시 시리아와 이스라엘은 골란고원을 둘러싸고 긴장이 고조된다. 1967년 4월 제1차 중동전쟁의 정전협정에서 비무장지대로 정한 골란고원 일대에 이스라엘이 농작물을 경작한다는 일방적인 조치를 발표해 시리아의 분노를 촉발하면서 수시로 포격전이 벌어졌다.

또 이집트는 1967년 5월 시나이반도에 대병력을 배치하고 시나이 남부의 티란 해협을 봉쇄해 이스라엘의 홍해 무역로를 묶어버린다. 이러한 조치는 이스라엘이 느끼기에는 선전포고나 다름없었다. 이스라엘은 아랍국가가 언제 쳐들어올지 모르는 불안한 정세 속에서 손자가 첫째로 말한 대세 판단에 들어갔다.

당시 이스라엘의 전력은 이집트, 시리아, 요르단, 이라크 등 아랍국가들의 전력에 비해 두세 배 정도 열세했다. 아랍국가들이 먼저 이스라엘에 쳐들어온다면 삼면에서 세 개 국가와 동시에 전쟁을 치러야 하기 때문에 이스라엘군을 세 곳으로 분산 운용할 수밖에 없었다. 가뜩이나 병력이 열세한데 병력을 분산하면 전쟁에 패할 수도 있다고 판단했다. 또 아랍국가들이 선제공격을 해오면 좁은 이스라엘 영토에서 전쟁을 해야만 한다. 그러면 자국 영토가 초토화될 것이 분명했다. 이스라엘은 주도적으로 먼저 전쟁을 벌여야 승산이 있다고 대세 판단을 한다. 그리고 이스라엘은 작전상의 융통성을 확보하기 위해 공격, 기동성, 기습, 야간 공격에 주안을 두고 속전속결로 전쟁을 끝낸다는 전략을 수립한다.

일단 전쟁이 일어나면 강대국과 유엔이 개입할 것이므로 그 전에 최대한 이스라엘에 유리한 형국을 만들어야 했다. 이스라엘에 유리한 형국이란 전쟁 초기에 최대한 많은 아랍국가의 영토를 점령하고 아랍국가 군사력을 최대한 파괴하여 전쟁 후에도 이스라엘에 위협이 되지 않게 하는 것이었다. 전쟁에서의 군사적인 결과가 향후 정치협상 테이블에서 어떠한 비중을 차지하는지 이스라엘은 너무나 잘 알고 있었다.

둘째, 손자는 전투력 운용 시 집중과 절약을 잘해야 한다고 했다. 전투력 면에서 수적으로 열세했던 이스라엘은 이런 원칙을 철저히 지켰다. 이스라엘은 세 국가와 동시에 전투를 하면 승산이 없으니 가장 전투력이 강했던 이집트군을 먼저 무력화시키고 요르단과 시리아를 공격할 계획을 세운다.

먼저 1단계로 공군병력으로 이집트 공군기지를 무력화하고, 2단계로 요르단·시리아·이라크 공군기지를 무력화하며, 3단계로 공군력을 지상작전에 집중적으로 지원하는 전술을 펼친다. 이는 세계적인 이스라엘의 정보기관 모사드의 철저한 분석을 기반으로 이뤄진 전투 계획이었다. 모사드는 아랍국가들의 비행장, 전략적 요충지, 대공화기의 위치를 손금 보듯 파악하고 또 허점을 정확히 보았다.

셋째, 손자는 단결을 강조했다. 나라 없는 설움을 잘 아는 이스라엘 국민은 자신의 국가, 나라 땅이 있다는 것이 얼마나 소중한지 알고 있었기 때문에 자국을 지키겠다는 의지가 대단했다. 온 국민과 군이 똘똘 뭉쳐 있었다. 반면에 이집트, 시리아, 요르단은 나라 간에 목표와 이해가 조금씩 달라 국가끼리 단합이 잘 이뤄지지 않았다. 또 이집트군만 해도 장교와 병사들 간 정치·사회·교육 배경이 달라서 서로 융화하지 못했다.

넷째, 손자는 아군은 신중하여 실수가 없고 적은 실수를 해야 쉽게 승리할 수 있다고 했다. 이스라엘이 압승한 배경에는 이스라엘이 치밀하게 준비해서 완벽에 가깝게 전투를 한 것에 더해 아랍국가의 실수가 한몫한다. 먼저 이집트 공군은 24시간 경계 비행, 즉 초계 비행에서 허점을 드러냈다. 아침 식사 시간에는 비행기가 뜨지 않았다. 이 사실을 알고 있던 이스라엘 공군기들은 정확히 7시 45분에 맞추어 동시에 이집트 전역의 공군기지에 도달해 활주로와 최정예 전투기들을 파괴했다. 또 이집트 공군은 최정예 소련제 전투기들을 격납고 안에 넣지 않고 비행기 활주로 주변에 일자로 배치했다. 이스라엘 공군이 쉽게 공격할 수 있도록 도와준 셈이다. 단 세 시간 만에 이집트 공군의 약 80퍼센트가 궤멸한다. 아울러 이집트 나세르 대통령이 공군이 대패하고 있음에도 이집트군이 이기고 있다는 엉터리 뉴스를 국영방송을 통해 내보낸다. 이 때문에 이집트 지상군은 공군이 지원해줄 거라는 생각으로 지상 작전에서 오판을 범하게 된다. 이집트의 동맹국인 시리아와 요르단도 이집트 국영방송에서 이집트가 이기고 있다는 뉴스를 내보내자 이를 사실로 믿고 오판을 했다.

다섯째, 손자는 지휘 통솔을 잘해야 한다고 했다. 이스라엘의 장교단은 강했으며 임무형 지휘를 수행했다. 예하 지휘관들에게 재량권을 많이 부여해 스스로 어떻게 작전을 할지 구상하게 했다. 그래서 상황에 맞는 작전을 그때그때 구사해냈지만 이집트나 시리아, 요르단은 이러한 임무형 지휘가 부족했다.

이스라엘은 손자가 말한 승리의 5원칙을 모두 지키며 개전 초 제공권을 확보했고 이것을 토대로 이스라엘의 공군은 지상군을 전폭 지원해 대승했다. 그 결과 이스라엘은 이집트로부터 시나이반도를, 요르단으로부터 웨스트 뱅크를, 시리아로부터 골란 고원을 확보해 개전 초보다 영토를 거의 여섯 배 확장하게 됐다. 이스라엘은 1, 2, 3차 중동전쟁을 거치면서 1948년 독립 초기에 비해 여덟 배 이상의 영토를 얻는다. 이를 통해 주변 국가의 공격으로부터 완충 지역을 확보하고 국가의 생존과

번영의 큰 토대를 마련했다. 또 정신적 성지인 예루살렘까지 차지함으로써 이스라엘은 안정을 찾는다.

사우스 웨스트 항공사의 비밀

승리 5원칙은 기업 운영에도 그대로 적용해볼 수 있다. 기업에서는 신규 사업을 할지 말지 신중히 대세 판단을 해야 한다. 판매하고자 하는 상품이나 서비스가 객관적인 시각에서 얼마나 팔릴지, 구현해낼 수 있는 기술력은 있는지, 필요 자금은 충분한지 자세히 판단해야 한다.

사업을 하기로 했다면 선택과 집중의 원칙을 세우고 기업의 인적 물적 자원을 주력 종목에 집중적으로 투입해야 한다. 집중적으로 투입하려면 어디에선가 절약해야 한다. 그리고 구성원들에게 사업의 당위성을 설명하고, 공감대를 형성할 수 있어야 사업 추진이 잘 된다. 고객들에게는 조직의 존재 이유와 조직이 중장기적으로 가고자 하는 미래 방향을 설명하는 동시에 조직원들에게 소명의식과 보람을 주는 게 바람직하다.

또 신중히 추진하여 실수를 예방해야 한다. 사업을 추진하면서 실수가 발생하여 사고가 나면 사업은 실패하고 더 나아가 회사를 위험에 빠트릴 수도 있다. 미국 기업인 워런 버핏은 "명성을 쌓는 데는 20년이 걸리지만 명성을 무너뜨리는 데는 채 5분도 걸리지 않는다"고 했다.

아울러 직원들에게 일할 여건을 조성하여 주어야 한다. 과감히 위임하는 것이다. 그래야만 일을 맡은 직원들이 책임감을 느끼고 창의적으로 사업을 진행할 수 있다.

여기 성공한 기업이 있다. 2018년 기준으로 정기 여객수송인 수가 세계 3위인 항공사, 회사 창업 이래 단 한 번도 적자를 기록하지 않은 항공사, 비행기 한 대당 직원 수가 다른 항공사에 비해 적은데도 불구하고 적은 불평 건수, 가장 빠른 수화물 처리, 정시 도착 등으로 부동의 1위를 차지하고 있는 항공사, 바로 사우스웨스트 항공사다. 사우스웨스트 항공사의 성공 비법은 손자의 승리 5원칙과 일맥상통한다.

사우스웨스트 항공사는 1971년 허브 켈러허가 설립한 미국의 저가 항공사다. 켈러허는 항공사업에 뛰어들기로 마음먹고 먼저 대세 판단에 들어간다. 기존 항공사들이 쓴 전략인 대형화, 대륙 간 장거리 운항, 시장점유율을 중시하는 기준으로는 이미 탄탄한 고객을 확보한 기존의 대형 항공사와 경쟁하는 것이 무리라고 판단했다.

이러한 상황에서 켈러허는 차별화된 전략을 수립한다. 미국 내 단거리 운항, 낮은 요금으로 높은 이용 빈도를 이끌어 고수익 모델을 발전시킨 것이다. 지금도 이 정책을 고수하고 있다. 그리고 저비용 고수익 항공사를 만들기 위해 선택과 집중 전략을 택했다. 많은 이용객이 있는 지역만을 대상으로 이들을 직접 잇는 포인트 투 포인트 노선을 싼 가격에 제공하는 데에 모든 역량을 집중했다. 항공기 기종을 단일화함으로써 구입 비용을 낮추고, 유지보수 비용도 절감하는 전략을 시행했다. 기내 서비스 음식을 줄이는 대신 항공요금을 낮추었다. 또 단거리 논스톱 운항으로 연착을 줄이고 여행 시간을 파격적으로 단축했다.

이렇게 낮은 요금, 편리함, 뛰어난 고객 서비스를 바탕으로 사우스웨스트 항공사는 단거리 시장의 약 80~90퍼센트를 점유한다. 놀랍게도 전체 시장 규모를 대상으로 했을 때도 60~70퍼센트의 시장점유율을 차

지하게 된다.

손자는 성공의 세 번째 원칙에서 구성원이 한뜻으로 뭉치면 성공한 다고 했다. 켈러허는 "놀듯이 일하고 일하듯이 논다"는 신조 아래 전 직원을 하나로 뭉칠 수 있게 했다. 그는 전 직원을 누구보다 아껴 고객과 직원 그리고 주주 중에 가장 중요한 것을 꼽으라면 주저하지 않고 직원을 뽑았다. 다른 어떤 유형자산보다 중요한 것이 무형자산인 직원들의 정신이라고 생각했다. 그래서 그는 직원들의 이름을 일일이 기억하고, 엘비스 프레슬리 옷을 입고 등장하는가 하면, 비행기 끌기 대회를 열고, 업무 중 운동화와 반바지를 자유롭게 입도록 허용하는 등 즐겁게 일하는 기업문화를 조성했다.

미국 항공업계 최대 악재로 기록됐던 9·11테러가 발생됐을 때도 그의 직원 사랑은 두드러졌다. 미국 항공업계는 12만 명의 종업원을 해고 했는데, 켈러허는 임금을 충당하기 위해 처음으로 대출을 받아가면서까지 직원을 단 한 명도 내보내지 않았다. 이런 결과로 사우스웨스트 항공 사는 《포춘》지가 선정한 세계에서 가장 일하기 좋은 100대 기업에 수년간 계속 선정되었다. 또 미국 항공사 중 유일하게 노사분규 없는 기업으로 인구에 회자하고 있다.

아울러 켈러허는 실수를 방지하려는 노력을 철저히 한다. 항공기 기종을 단일기종으로 하고 정비 시스템을 보강하여 항공기 정비를 꼼꼼히 한다. 마지막으로 지휘 통솔 면에서 켈러허는 직원들에게 권한을 위임해 창의적이고 책임감을 갖게 했다. 익숙해진 것에 안주하고 혁신과 창조에 둔감해지는 것을 방지하기 위해서였다. 그 결과 직원들은 고객에게 다가갈 때 자신 있게 유머를 발휘하기도 하고, 랩으로 비행 안전

방송을 하는 파격적인 서비스 등 사우스웨스트 항공사만의 독특한 개
성을 만들어나갔다.

경쟁에서 이기려면 전략적으로 접근해야 합니다. 지승유오를 갖추기 위
해 노력하세요. 결과가 달라집니다.

반드시 이길 수 있는 형세를 갖추라

〈군형〉 편 개요

'군형軍形'이란 '군의 최종적 배치, 형태'를 의미한다. '전쟁 준비의 마지막 모습形 Disposition인 전투 태세'라 할 수 있다. 군형이라는 말에는 군을 양성하는 용병의 개념도 들어 있으며, 이러한 군을 전투 배치한 상태까지를 아우른다.

적이 전쟁을 할지 안 할지는 적에게 달려 있지 않고 나에게 달려 있다. 내가 강한 형을 만들고 대비 태세를 잘 갖추면 적이 감히 전쟁을 걸어오지 못할 것이고, 내가 약한 형을 갖추고 대비 태세가 허술하면 적은 전쟁을 할 수 있겠다는 유혹을 받게 된다.

손자는 형과 세에 관해 설명하며 강한 형을 만들기 위해서는 도량수칭승度量數稱勝을 해야 한다고 말한다. 도度는 영토의 넓이, 양量은 인구와 물산의 양, 수數는 군대의 수, 칭稱은 비교 판단, 승勝은 승리 확보를 의미한다. 즉, 영토를 넓혀야 인구와 물산이 증가하고, 그렇게 되면 군대의 수를 늘릴 수 있다. 그런 후 적과 나를 비교해보고, 승산이 있으면 전투를 하여 승리하라고 한다. 그리고 군의 힘을 최대한으로 발휘하게 하는 것이 세勢인데 이 세는 군형에 따라 강하거나 약하게 된다고 말하고 있다.

〈군형〉 편에서는 적보다 압도적이고 우월한 형을 조성해 승리의 조건을 만들어야 한다는 점을 강조하고 있다. 제5편 〈병세〉 편과 연관해 읽어야 뜻을 이해할 수 있다.

'형'은 현대적으로 표현하면 양병養兵으로, 강하게 훈련을 시켜 병력을 편성하는 능력을 키우는 것이다. '세'는 용병用兵으로, 실질적인 군대의 운용이자 야전부대가 훈련하는 것이다. '절節'은 적의 핵심을 타격하는 마비전이라 할 수 있다. 〈군형〉 편에서는 유명한 문구인 이겨놓고 싸운다는 뜻의 '선승이후구전先勝而後求戰'에 관해서도 설명하고 있다.

● 먼저 불패의 태세를 갖추라

孫子曰, 昔之善戰者는 先爲不可勝하여 以待敵之可勝하나니
손 자 왈 석 지 선 전 자   선 위 불 가 승   이 대 적 지 가 승

不可勝은 在己하고 可勝은 在敵이라
불 가 승   재 기   가 승   재 적

故로 善戰者라도 能爲不可勝이요 不能使敵之必可勝이니라.
고   선 전 자   능 위 불 가 승   불 능 사 적 지 필 가 승

故로 曰 勝可知不可爲니라
고   왈 승 가 지 불 가 위

不可勝者는 守也요 可勝者는 攻也니라.
불 가 승 자   수 야   가 승 자   공 야

손자가 말하였다. 옛날에 잘 싸우는 사람들은 적이 나를 이기지 못할 나의 태세를 먼저 갖춤으로써, 적이 나를 이기지 못하게 하고, 내가 이길 수 있는 적의 허점이 조성되기를 기다려 승리를 얻었다고 한다. (즉, 나의 태세를 잘 갖추면 적이 감히 나를 공격 못 할 것이고, 내가 태세를 갖춘 가운데 적이 실수를 하면 내가 적을 쉽게 이길 수 있다. 적이 이기지 못할 태세는 나에게 달려 있고, 내가 이길 수 있는 적의 허점 조성은 적에게 달려 있다.)

그러므로 잘 싸우는 자라도 능숙하게 대비 태세를 해서 적이 이기지 못하게 할 수는 있으나, 적이 허점을 만들도록 할 수는 없다.

그러므로 승리란 알 수는 있지만, 만들어낼 수는 없다.

적이 나를 이기지 못하게 하는 것은 나의 지키는 태세 때문이요, 내가 적을 이길 수 있는 것은 나의 공격 태세 때문이다.

● 공격과 방어의 원칙

守則不足이요 攻則有餘라
수 즉 부 족　　공 즉 유 여

善守者는 藏於九地之下하고 善攻者는 動於九天之上이라
선 수 자　 장 어 구 지 지 하　　선 공 자　 동 어 구 천 지 상

故로 能自保而全勝也니라.
고　 능 자 보 이 전 승 야

방어하는 것은 (전력, 승리여건, 주도권 등이) 부족하기 때문이요, 공격한다는 것은 (전력, 승리여건, 주도권 등이) 여유가 있기 때문이다.

방어를 잘하는 자는 아주 깊은 땅속에 숨은 것같이 하고(은밀, 견고성), 공격을 잘하는 자는 하늘 위에서 움직이듯 한다(기도비닉企圖秘匿, 강력·신속).

그러므로 능히 자신을 보존하고 승리를 온전히 할 수 있다.

● 먼저 이겨놓고 싸움을 구한다

見勝이 不過衆人之所知면 非善之善者也요
견 승　 불 과 중 인 지 소 지　 비 선 지 선 자 야

戰勝而天下曰善이 非善之善者也라.
전 승 이 천 하 왈 선　 비 선 지 선 자 야

승리를 보는 눈이 많은 사람의 아는 것보다 더 나을 것이 없다면 최고 수준이 아니며,

싸움에 이겨 세상 사람들이 "잘 싸웠다"라고 한다면 이것도 최고 수준은 아니다.

(적보다 압도적으로 우세한 전투력으로 쉽게 이기면 세상 사람들은 승리를 당연한 것으로 받아들여 칭찬하지 않을 것이다. 이에 반해 적에게 아슬아슬하게 이기면 세상 사람들은 대단히 잘 싸웠다고 칭찬하나 이는 최선이 아니다. 왜냐하면 이렇게 아슬아슬하게 이기면 피해가 많이 발생한 상태에서 이기기 때문이다. 손

자는 적보다 압도적인 전투력으로 또는 쉬운 상황을 조성하여 쉽게 이기는 것을 높이 평가했다.)

故로 擧秋毫 不爲多力이요
고   거추호   불위다력

見日月 不爲明目이오 聞雷霆 不爲總耳라
견일월   불위명목   문뢰정   불위총이

古之所謂善戰者는 勝於易勝者也니
고지소위선전자   승어이승자야

故로 善戰者之勝也는 無智名하고 無勇功이라
고   선전자지승야   무지명   무용공

故로 其戰勝不忒이니 不忒者는 其所措勝이 勝已敗者也라.
고   기전승불특   불특자   기소조승   승이패자야

故로 善戰者는 立於不敗之地하고 而不失敵之敗也라.
고   선전자   입어불패지지   이불실적지패야

그 까닭은 가는 털 오라기를 든다고 해서 힘이 세다고 하지 않으며, 해와 달을 본다고 해서 눈이 밝다고 하지 않으며, 천둥소리를 듣는다고 해서 귀가 밝다고 하지 않는 것과 같다.

옛날의 잘 싸웠다고 불리던 자는 이기기 쉬운 자에게 이긴 것이다. 그러므로 잘 싸우는 자의 승리는 지혜롭다는 이름도 나타남이 없고, 용맹스럽다는 무공도 나타남이 없다.

그리고 싸워서 이김에 어긋남이 없으니, 어긋남이 없다는 것은 그 여건상 이미 져 있는 적을 이기는 것이기 때문이다.

그러므로 잘 싸우는 자는 패하지 않을 태세에 서서, 적을 패배시킬 기회를 놓치지 않는다.

(잘 싸우는 자는 이길 수 있는 여건을 만들어 놓은 상태에서 쉽게 적을 이기는 자이다. 그래서 압도적인 힘의 우위를 가지고 이기므로 세상 사람들은 그에 대한 칭찬이 없다. 세상 사람들은 그가 사전에 만든 이기는 여건을 보지 못하고 싸우

는 현장의 상황만 보므로 칭찬을 할 수가 없다. 그러나 이렇게 하면 싸움에 승리를 하는 것에는 한 치의 오차도 없다.)

是故로 勝兵은 先勝而後에 求戰하고
시 고　　승 병　　선 승 이 후　　구 전

敗兵은 先戰而後 求勝하나니
패 병　　선 전 이 후　구 승

善用兵者는 修道而保法이라
선 용 병 자　　수 도 이 보 법

故로 能爲勝敗之政이니라.
고　　능 위 승 패 지 정

이런 까닭에 승리하는 군대는 먼저 이겨놓고 싸움을 구하고,

패하는 군대는 먼저 싸움을 시작하고 나서 승리를 구하려 한다.

용병을 잘하는 자는 도道에서 법法까지의 오사五事(국력)를 잘 기르는 것이다. (수도이보법은 도를 잘 닦고 법을 보존한다는 의미이다. 여기서는 제1편 〈시계〉편의 '도천지장법'의 5사를 말한다. 도천지장법을 모두 안 쓰고, 제일 앞의 도와 마지막 법을 쓴 것은 제1편에서 도천지장법을 충분히 설명했으므로 중복을 피하려는 방편이다. 중국 고전에서는 이러한 표현법을 자주 사용한다.)

그래서 능히 승패를 좌우할 수 있게 되는 것이다.

● 전투를 수행하는 방법

兵法에 一曰度요 二曰量이요 三曰數요 四曰稱이요 五曰勝이니
병 법　　일 왈 도　　이 왈 량　　삼 왈 수　　사 왈 칭　　오 왈 승

地生度하고 度生量하고 量生數하고 數生稱하고 稱生勝이라.
지 생 도　　도 생 량　　량 생 수　　수 생 칭　　칭 생 승

병법에 말하기를 첫째는 땅의 넓이요, 둘째는 인구와 자원의 양이요, 셋

째는 군사의 수요, 넷째는 전력의 비교요, 다섯째는 승리 예측이다.

지형이 넓이를 좌우하고, 넓이가 자원량(인적, 물적)을 좌우하고, 자원양이 군사의 수를 좌우하고, 군사의 수가 전력 비교를 좌우하고, 전력 비교가 승리 예측을 좌우하게 된다.

(도량수칭승은 영토가 넓어지면 인구와 물산의 양이 많아지고, 인구와 물산의 양이 많아지면 군사력을 키우는 병력의 수를 키우기 쉽고, 이런 연후에야 적과 비교해서 승산이 있으면 싸워 이긴다는 의미다. 제1편 〈시계〉의 5사와 7계를 다르게 표현했다고 보아도 무방하다. 도량수는 도천지장법의 5사 내용과 비슷한 개념이고, 칭은 7계로 비교하는 것과 유사한 개념이며, 승은 승리 태세를 갖추어 승리함을 의미한다.)

● 승리하는 군대는 바위로 계란을 치는 것같이 한다

故로 勝兵은 若以鎰稱銖하고 敗兵은 若以銖稱鎰이니
고 승병   약이일칭수   패병   약이수칭일

勝者之戰이 若決積水 於千仞之谿者는 形也니라.
승자지전   약결적수 어천인지계자   형야

그러므로 승리하는 군대는 일鎰(240수)로써 수銖를 저울질하는 것과 같고, 패하는 군대는 수銖로써 일鎰을 저울질하는 것과 같다.

이기는 자의 싸움이 마치 천 길 계곡 위에 막아두었던 물을 터뜨리는 것처럼 하는 것, 그것이 형形(태세)이다.

SECRET 9

사자와 독수리에게 배우는
형세절

들소 떼 200마리와 사자 열 마리가 싸우면 어느 쪽이 이길까? 물리적인 힘은 들소 떼가 더 클 것이다. 그렇지만 적은 수의 사자들이 들소 떼 중 가장 약한 한 마리를 사냥하는 데 성공한다. 왜일까? 들소 떼는 조직적인 형세절을 못 만들고 사자는 목표물에 대한 조직적인 형세절形勢節을 만들 수 있기 때문이다.

형세절이 무슨 의미인지 다시 사자의 예를 살펴보자. 사자가 새끼를 낳아 키우면서 사냥 기술을 갖추게 하는 것, 그 과정에서 열 마리가 사냥 대형을 갖추는 것까지가 형形이다. 그리고 사자들이 가장 약해 보이는 들소를 사냥 표적으로 삼고 쏜살같이 대형을 이루어 달려가는 것이 세勢다. 이어서 사자 여러 마리가 들소의 퇴로를 막고 그중 한 마리가 신속히 들소의 급소인 목을 날카로운 이빨로 물어 숨통을 끊는 것이 절

節이라고 볼 수 있다.

독수리를 통해 설명할 수도 있다. 독수리는 새끼를 낳으면 성장시키고 비행기술, 사냥 기술 등을 가르친다. 이런 능력을 갖추고 창공 위에서 대형을 펼치는 것까지가 형이라고 할 수 있다. 먹잇감을 발견했을 때 신속하게 내리꽂는 것이 세이고, 사냥감의 목을 꺾으며 낚아채는 것이 절이라고 볼 수 있다.

물에 비유해볼 수도 있다. 높은 곳의 댐이나 저수지에 물이 가득 채워져 있는 상태가 형이다. 물리학적 관점에서는 위치 에너지가 커진 상태다. 이 저장된 물을 한꺼번에 터뜨리면 엄청난 물줄기가 쏟아진다. 이것이 세다. 물리학적으로는 운동에너지가 된다. 이렇게 되면 큰 바위든 집채든 다 떠내려가게 할 수 있다. 이것이 절라고 할 수 있다.

그렇다면 형세절 중 무엇이 가장 중요할까? 형세절은 세 가지 모두 중요하지만 어떤 면에서는 형이 가장 중요하다고 볼 수 있다. 형인 양병이 잘되어 있어야 세를 만들어 운용술을 적용할 수 있기 때문이다. 또한 형을 잘 세워놓으면 전쟁을 억제하는 효과를 발휘한다. 강한 군대를 갖춰놓고 있으면 상대가 쉽게 공격하지 못할 것이다.

병자호란의 형세절

여러 전쟁 사례 중 병자호란을 통해 형세절을 알아보자. 병자호란은 1636년 12월 조선에 대한 청나라의 제2차 침입으로 일어난 전쟁이다. 청나라는 정묘호란 때 맺은 '형제의 맹약'을 '군신의 의'로 바꿀 것을 요청해왔을 뿐 아니라, 무리한 공물과 군사 3만, 그리고 왕자를 볼모로 보낼 것을 조선에 요구해왔다. 하지만 조선이 이에 응하지 않자 청나라는 12만 대군을 이끌고 침입했고 조선은 이때 전투다운 전투도 해보지 못하고 너무도 허무하게 청나라에 항복했다.

어쩌다 이 지경까지 이르렀을까? 형세절의 관점에서 설명해보면 그 이유가 확연해진다. 우선 조선은 임진왜란과 정묘호란 등의 아픔을 겪으면서도 강한 군사력을 건설하지 못했다. 임진왜란으로 파탄 난 재정이 회복되지 못한 상황이었고, 광해군을 몰아낸 인조반정 때의 1차 숙청, 이괄의 난을 진압하는 과정에서의 2차 숙청으로 청의 진격로에 위치한 평안도 지역의 군사력이 거의 붕괴한 상태였다. 그래서 당시 일부 대신(윤황, 정온)이 "전국에서 정예 병력을 차출해 국경선과 평안도 일대에 배치해야 한다"거나 "왕이 직접 모범을 보여 개성으로 북상해서 진두지휘를 하면서 전쟁 대비를 해야 한다"고 주장하지만 인조는 이를 무시했다. 단지 강화도로 피신하겠다는 생각만 했다. 형을 이루지 못한 것이다.

또 청나라의 침입에 대해 조직적인 대응을 하지 못했다. 청나라군을 방어하는 데 집중적으로 군을 운용해야 하는데 세를 이루지 못했다. 조선군은 도 단위로 분산돼 있었다. 백마산성에는 임경업 장군이, 평양 일대에는 김자점 도원수가 이끄는 군대가 주둔했다. 그리고 전라도, 충청도, 경상도 지역으로 군사들이 뿔뿔이 흩어져 있었다. 세를 이루지 못했으니 당연히 절도 이루지 못했다.

반면, 여진은 조선과 명나라가 7년간 임진왜란으로 국력이 약해진 틈을 타 국력을 키우고 후금이라는 나라를 세워 군사력 건설에 매진했다.

이어 몽골을 점령해 영토를 넓히고 몽골군 일부를 군에 흡수하는 등 국력을 키워 청나라를 세웠다. 동아시아 최대 군사 강국으로 군림한 것이다. 형을 이룬 것이다.

이어 병자년인 1636년 추위로 강이 꽁꽁 얼었을 때를 기다려 기마대군 12만여 명을 이끌고 물밀 듯이 조선에 쳐들어왔다. 강이 얼어서 강을 극복하지 않아도 신속하게 당시 조선의 수도였던 한양으로 진격할 수 있었다. 또 중간중간 여러 성이 있었지만 그대로 지나쳐 분산될 힘을 아꼈다. 청나라의 선발대는 국경을 지나고 단 5일 만에 한양에 당도했다. 즉, 세를 잘 이뤄냈다.

마지막으로 청나라 부대는 절을 잘 이뤄냈다. 조선의 가장 핵심이라 볼 수 있는 인조가 있는 남한산성을 청나라의 주력 부대가 에워싸고 압박을 가했다. 강화도에는 대피 준비가 돼 있었지만 급작스레 간 남한산성에는 방어 준비가 돼 있지 않았고 인조와 대신들을 맞이한 것은 추위와 굶주림이었다. 약 1만 3,000여 명의 군사는 45일간 청나라에 버티다 결국에는 항복하고, 인조는 삼전도의 굴욕을 당한다.

우리나라 왕이 용포도 입지 못하고 다른 나라 왕 앞에서 직접 항복의 예를 올리는 굴욕적인 일은 상상하기 힘든 것이었다. 이러한 역사는 평시에 군사력을 건설하고 훈련을 강화하며 운용술을 높이는 형세절을 알고 시행하는 것이 얼마나 중요한지를 깨닫게 해준다.

현대의 형세절은 어떻게 만들까?

형세절은 현대의 군사력 운용에도 잘 적용된다. 현재 군대에서는 양병養兵과 용병用兵이라는 단어를 사용한다.

양병은 병력을 모아 훈련하는 등 강한 군사를 만드는 것이고, 이렇게 양병된 병사력을 군령에 따라 운용하는 기술이 용병이라 할 수 있다. 양병의 경우 형세절에서 볼 때 형에 해당하고, 용병은 세와 절에 해당한다고 볼 수 있다.

한국군의 양병은 군정을 담당하는 육해공군본부에서 담당하고, 용병은 군령을 담당하는 합동참모본부에서 실시하고 있다.

군에서의 형세절

형은 강하게, 세는 험하게, 절은 아주 단기에 급소를 '탁' 치듯 끝내야 한다고 한다. 평상시 강한 군, 형을 세우기 위해서는 예산을 투자해 병력을 훈련시키고 장비를 현대화해야 한다.

세를 만들기 위해서는 집중과 절약을 잘하여 결정적인 지점에 적보다 우세한 병력을 운용해야 한다. 또 병력을 적재적소에 배치해야 한다. 공격수나 부대는 공격 위치에, 방어부대는 방어 위치에 잘 배치해야 한다.

절은 순식간에 급소를 타격하는 것이다. 사자나 독수리는 먹잇감의 급소가 목이니까 목을 물어 적의 숨통을 조이는 것이다. 적을 타격할 때는 적의 핵심이 무엇인지 아는 것이 무엇보다 중요하다.

기업과 개인의 형세절

형세절의 원리는 기업에도 적용된다. 평상시 인재를 양성하고 지속적인 경영합리화에 노력을 경주하는 것이 형에 해당한다.

세와 절은 선택과 집중으로 볼 수 있다. 에너지가 필요한 곳에는 모든 가용 자원을 동원해 역량을 집중해야 한다. 분산 운용은 그만큼 효과가 작다.

역량을 너무 다양한 곳에 소모하지 마세요. 기본을 튼튼히 하세요. 그리고 '선택'하고 '집중'해야 합니다. 중요한 것에 힘을 쓰세요.

일시에 쏟아질 듯한 기세를 유지하라

兵勢

〈병세〉 편의 개요

'병兵勢'란 '힘이 움직이는 기세'이다. 축적된 힘이 모든 것을 휩쓸어버릴 것 같은 맹렬한 기세로 적에게 가해지는 동적인 상태를 말한다. 힘은 정지되면 발휘되지 못하고, 움직여야 밖으로 나타난다. 전쟁은 힘의 대결이다. 힘을 최대한 발휘하기 위해서는 군대에 세를 부여해야 한다.

〈병세〉 편은 세를 발휘하게 하는 힘의 육성과 축적, 그리고 그 힘을 정적인 상태에서 동적인 상태로 전환하고 세를 형성하는 과정에 관해 설명하고 있다. 이 병세가 잘 되려면 군형軍形이 강해야 한다. 군형이 뒷받침되어야 병세가 발휘될 수 있다. 제4편 〈군형〉, 제5편 〈병세〉, 제6편 〈허실〉은 서로 연결되어 있다. 이들 세 편을 좀 더 잘 이해하려면 '형세절'을 이해해야 한다. 형세절은 〈병세〉 편에 잘 표현되어 있다. 형이란 큰 독수리가 새끼를 낳아 키우고, 비행기술과 사냥 기술을 가르치고, 성장한 독수리가 사냥을 위해 창공을 날고 있는 상태와 같다. 세란 먹잇감을 발견한 독수리가 엄청난 속도로 하강하는 것과 같고, 절이란 먹잇감의 급소인 목을 순식간에 낚아채는 것과 흡사하다.

세를 잘 만들려면 편성, 지휘 통제 수단과 운영술을 잘 써야 한다. 편성이 잘되면 많은 병력을 적은 병력 지휘하듯 쉽게 할 수 있고, 잘 갖추어진 지휘 통제 수단은 혼란한 전투 현장에서 일사불란한 지휘가 가능하게 해준다. 그리고 손자는 운용술로 '기정奇正 전략'을 들고 있다. '이정합以正合 이기승以奇勝'은 정공법正攻法으로 대치하고 기책奇策으로 승리하라는 의미다. 정공법과 기책을 조화롭게 운용해야 쉽게 승리할 수 있다.

● 많은 병력을 적은 병력 다루듯 하는 것은 편성 덕분이다

孫子曰. 凡 治衆如治寡는 分數 是也요
손 자 왈   범 치 중 여 치 과   분 수 시 야

鬪衆如鬪寡는 形名이 是也요
투 중 여 투 과   형 명   시 야

三軍之衆이 可使必受敵而無敗者는 奇正이 是也요
삼 군 지 중   가 사 필 수 적 이 무 패 자   기 정   시 야

兵之所加에 如以碬投卵者는 虛實이 是也라.
병 지 소 가   여 이 하 투 란 자   허 실   시 야

손자가 말하였다. 대체로 많은 군사를 지휘하기를 마치 작은 군사를 지휘하듯이 (손쉽게) 할 수 있는 것은 부대 편성 덕분이요,

또 많은 군사를 싸우게 하면서도 소수의 군사를 싸우게 하듯이 (손쉽게) 할 수 있는 것은 지휘 통제 수단 덕분이다.

대부대가 적과 마주쳐서 반드시 패하는 일이 없는 것은 기奇와 정正의 전략을 사용하기 때문이요,

군사를 투입하는 모습이 마치 돌로써 알에 던지듯이 (쉽게) 하는 것은 허실虛實(태세의 충실로서 허점을 치는 방법)의 활용 덕분이다.

● 전투는 기와 정을 배합하여 승리한다

凡 戰者는 以正合하야 以奇勝이라.
범 전 자   이 정 합   이 기 승

故로 善出奇者는 無窮如天地하고 不竭如江海니
고   선 출 기 자   무 궁 여 천 지   불 갈 여 강 해

終而復始는 日月이 是也요 死而更生은 四時 是也라
종 이 복 시   일 월   시 야   사 이 갱 생   사 시 시 야

聲不過五이나 五聲之變을 不可勝聽也요
성 불 과 오　　오 성 지 변　　불 가 승 청 야

色不過五나 五色之變을 不可勝觀也요
색 불 과 오　　오 색 지 변　　불 가 승 관 야

味不過五나 五味之變을 不可勝嘗也요
미 불 과 오　　오 미 지 변　　불 가 승 상 야

戰勢는 不過奇正이나 奇正之變을 不可勝窮也라
전 세　　불 과 기 정　　기 정 지 변　　불 가 승 궁 야

奇正相生이 如循環之無端이니 孰能窮之哉리오.
기 정 상 생　　여 순 환 지 무 단　　숙 능 궁 지 재

대체로 싸움이란 정공법으로 대치하여, 기책奇策으로 승리하는 것이다.

(이정합 이기승은 전쟁을 하거나 싸움을 할 때는 정공법을 기반으로 하되 기책으로 이겨야 한다는 말이다. 기책은 상황에 맞게 다양하게 구사할 수 있다. 그리고 적이 대비되지 않고, 예상하지 못한 곳에 기책을 쓰면 처음에는 효과가 아주 크다. 그런데 시간이 지나면서 적들이 기책에 대해 대응을 한다. 그러면 기책의 효과가 줄어들면서 다시 정공법처럼 적의 많은 병력과 싸우게 된다. 기책이 정공법으로 바뀐 것이다.)

그런데 기책을 잘 구사하는 자는 하늘이나 땅과 같이 막힘이 없고, 강이나 바다와 같이 마르지 않으며,

끝나는가 하면 다시 시작되는 것은 해와 달의 이치와 같고, 없어졌는가 하면 다시 살아나는 것은 사계절의 반복과 같다.

소리의 요소는 불과 다섯 개에 불과하지만[宮商角徵羽] 그 변화(노래들)는 다 들을 수도 없을 정도이며,

색깔의 요소는 불과 다섯 개에 불과하지만[赤靑皇白黑] 그 변화(그림들)는 다 볼 수도 없을 정도이며,

맛의 요소는 불과 다섯 개에 불과하지만[甘酸鹹辛苦] 그 변화(요리들)는 다 맛볼 수도 없을 정도이며,

전세의 요소는 기와 정에 불과하지만, 그 변화(운용법들)는 다 헤아릴

수도 없을 정도이다.

기정이 순환하며 마치 끝이 없는 고리와 같으니, 누가 그것을 능히 다 헤아릴 수 있으리오.

● 거세게 흐르는 물이 돌을 뜨게 한다

激水之疾이 至於漂石者는 勢也요
격 수 지 질   지 어 표 석 자   세 야

鷙鳥之疾이 至於毁折者는 節也라
지 조 지 질   지 어 훼 절 자   절 야

是故로 善戰者는 其勢險하고 其節短이니
시 고   선 전 자   기 세 험   기 절 단

勢如擴弩하고 節如發機라
세 여 확 노   절 여 발 기

紛紛紜紜하여 鬪亂而不可亂이요
분 분 운 운   투 란 이 불 가 란

渾渾沌沌하여 形圓而不可敗라
혼 혼 돈 돈   형 원 이 불 가 패

亂生於治하고 怯生於勇하고 弱生於强이니
난 생 어 치   겁 생 어 용   약 생 어 강

治亂은 數也요 勇怯은 勢也요 强弱은 形也니라.
치 란   수 야   용 겁   세 야   강 약   형 야

거세게 흐르는 물이 돌을 떠내려가게 하는 것과 같은 것이 세勢요,

커다란 새가 빠른 속도로 하강하여 먹잇감의 급소인 목을 순식간에 꺾어버리듯 하는 것이 절節이다.

이런 이치를 잘 알고 잘 싸우는 자는 그 기세를 맹렬히 하고, 그 절을 짧게 한다.

세는 활의 시위를 힘껏 당겨 놓은 것과 같고, 절은 힘껏 당겨진 활을 쏘는 것과 같다.

어지럽게 엉켜 혼란스럽게 싸우지만 (편성이 우수하면) 어지럽힐 수가

없다.

전투 중 뒤섞여 싸워 혼전이 되어도 (지휘 통제 수단이 잘되면) 패배시킬 수 없게 된다.

어지러운 듯한 것도 질서 속에서 나오고, 겁낸 듯한 것도 용기에서 나오고, 약한 듯한 것도 강함에서 나온다.

질서와 혼란은 수[分數](부대편성)의 문제요, 용기와 겁약은 세[兵勢]의 문제요, 강하고 약함은 形形(군의 태세)의 문제다.

● 적을 조종하되 나는 조종당하지 않는다

故로 善動敵者는 形之에 敵必從之하고 予之에 敵必取之니
고   선 동 적 자   형 지   적 필 종 지   여 지   적 필 취 지

以利動之하고 以本待之라
이 리 동 지   이 본 대 지

故로 善戰者는 求之於勢하고 不責之於人이라
고   선 전 자   구 지 어 세   불 책 지 어 인

故로 能擇人而任勢니 任勢者는 其戰人也 如轉木石이라
고   능 택 인 이 임 세   임 세 자   기 전 인 야 여 전 목 석

木石之性이 安則靜하고 危則動하며 方則止하고 圓則行이니
목 석 지 성   안 즉 정   위 즉 동   방 즉 지   원 즉 행

故로 善戰人之勢 如轉圓石於千仞之山者는 勢也라.
고   선 전 인 지 세 여 전 원 석 어 천 인 지 산 자   세 야

그러므로 적을 능숙하게 조종하는 자는 자신이 형태를 보여주면 적이 반드시 그에 따라 반응한다.

무엇을 주게 되면 적이 반드시 취하게 된다. 이익을 미끼로 하여 적을 유혹하여 적을 움직이게 하고, 공격할 기회를 기다리는 것이다.

그러므로 전쟁을 잘하는 자는 승리를 세의 조성에서 구하고, 부하(자질이나 행운)에게 책임을 지게 하지 않는다.

그러므로 능히 인재를 택하여 적재적소에 배치하고 세를 만들게 한다. 세를 만든다는 것은 사람들을 싸우게 함에 있어 목석을 굴리는 것처럼 하는 것이다.

목석의 성질은 안정된 데서는 고요하고 가파른 데서는 움직이며, 모가 나면 정지하고 둥글면 굴러가는 것이니,

그러므로 잘 싸우게 하는 자의 세는 마치 둥근 돌이 천 길 낭떠러지에서 굴러내리는 것처럼 하는 것, 그것이 세이다.

정공법으로 대치하고
기책으로 승리하라

누구나 전쟁에는 비장한 각오로 임하지만, 누구는 패하고 누구는 승리한다. 이유가 뭘까? 어떻게 해야 이길 것인가? 이러한 고민은 인류가 경쟁을 시작하고 나서 늘 이어져 왔는데 손자는 이에 대해 기정奇正 전략을 제시한다. 손자는 '이정합以正合 이기승以奇勝'이라 했다. 정공법으로 적과 대적하여 싸우되 기책을 사용하여 승리하라는 말이다.

군사학적으로 들어가 보자. 정공법은 주병력이 적의 주병력과 대치하는 것이고, 기책은 적의 허점에 기습병력 또는 소수 정예화된 병력을 운용하는 것으로 볼 수 있다. 또 정공법은 나도 알고 적도 아는 것이고 기책은 나는 알지만 적은 모르게 하는 것, 기상천외한 방법이다.

만약 기책이 성공하여 효과를 내면 적도 눈치를 채고 이에 대한 집중적 대비를 하게 된다. 이렇게 되면 기책이 더는 기책이 아니게 된다. 적이 대비를 하므로 정공법으로 바뀌게 된다. 즉, 기와 정은 순환하게 된다. 군사적 운용은 기정의 조합으로 이루어진다고 보면 된다. 적이 대비한 곳은 정공법으로, 적이 대비되지 않은 허점은 기책으로 전투력을 운용하는 것이 중요하다.

이는 개인에게도 해당된다. 누구보다 열심히 일하고 성실히 근무했는데도 기대한 만큼 성과를 내지 못하거나 인정을 받지 못해 힘들었던 기억이 있지 않은가? 기업도 마찬가지로 열심히 경영하는데도 어떤 기업은 성과가 두드러지지만 어떤 기업은 그렇지 못한 경우가 생긴다.

기정전략이 이 고민에 대한 해법이 되었으면 좋겠다. 평소 성실히 일하며 자신의 임무를 다하는 정공법과 남들과 차별화된 방식으로 결정적인 성과를 내는 기책을 병행할 때 성과가 올라간다.

인천상륙작전

기정전략을 구사해 승리한 사례는 전사에 많이 볼 수 있다. 그중 하나를 꼽자면 6·25전쟁 중 인천상륙작전이 있다. 인천상륙작전은 수세에 몰리던 유엔군이 단숨에 수세를 공세로 전환했던 효과적인 작전이었다. 대한민국이 절체절명의 위기상황에서 6·25전쟁의 판도를 바꾸어 유엔군이 38선을 넘어 북한으로 진격할 기회를 만들어냈다.

1950년 6월 25일 북한군은 대한민국을 공산화하기 위해 중국과 소련의 지원으로 기습 남침을 했다. 이때 북한군은 소련제 T-34 탱크를 앞세우고 38선의 전 전선에 걸쳐 남침을 감행했다. 북한군의 규모는 20여만 명 정도였고 국군은 10여만 명 정도로 매우 열세했다. 또 우리 군은 전차도 없을뿐더러 무기도 제대로 갖추고 있지 않아 수류탄과 화염병으로 목숨을 걸고 적진에 뛰어들어 적의 전차를 파괴해야 할 정도였다. 게다가 북한의 평화공세에 속아 경계태세도 풀고 있었기 때문에 조직적으로 대응하지 못하고 우왕좌왕했다.

그 결과 우리 군은 수도 서울을 사흘 만에 내주고 남으로 후퇴할 수밖에 없었다. 8월 초에는 낙동강 전선까지 밀렸다. 대한민국에 남은 지역은 겨우 부산, 영천, 대구, 마산 일대밖에 없었다. 이때 유엔 안보리에서는 북한을 침략국으로 규정하고 북을 저지하기 위한 유엔군 참전을 승인했다. 그 결과 유엔군사령부가 창설되고 유엔군 사령관에 미국 맥아더 장군이 임명되었다. 맥아더 장군을 필두로 한반도에 16개국의 유엔군이 투입된다.

그런데 맥아더 장군이 한반도 상황을 보니 너무나 심각했다. 이러한 전황을 어떻게 타개할지, 어디로 반격할지 고민이 깊었다. 낙동강 지역은 북한군의 최정예 부대와 국군 및 유엔군의 주력 부대가 서로 대치한 가운데 치열한 전투를 벌이고 있었다. 이 낙동강 전선이 기정의 정正에 해당한다. 주력 부대가 대치 중인 핵심적인 곳이기 때문이다.

맥아더 장군이 이 낙동강을 통해 올라가게 된다면 엄청난 희생과 오랜 시간이 소요될 것임이 자명했다. 그리고 우리의 국토가 치열한 전투로 초토화되고 그 과정에서 무고한 국민의 희생이 많을 것으로 예상했다. 이에 맥아더 장군은 낙동강 전선에서는 정공법으로 방어만 하고, 북한군의 허점을 공격할 계획을 세운다. 바로 손자가 이야기한 기책이다.

이미 태평양전쟁을 통해 상륙작전에는 베테랑이었던 맥아더 장군은 인천에 주목한다. 사실 인천은 조수간만의 차이가 크고 바다 수로가 협소해 상륙작전을 하기엔 몹시 어려운 지역이다. 밀물 후 썰물이 생기면 약 4킬로미터의 펄이 생긴다. 그러면 상륙한 병력과 전차, 장갑차, 화포 등 장비들이 개펄에서 빠져나오기 어렵다. 그때 적들이 포격이라도 하면 엄청난 피해가 생길 터였다. 또 협소한 수로로 인해 많은 군함이 수로를 따라 이동하기 어려웠다. 좁은 수로에 해상기뢰를 설치해놓았다면 군함들이 폭파될 가능성도 있었다. 그래서 맥아더 장군이 상륙작전을 인천으로 결심했을 때 미 합동참모본부와 미국 군사 지도자들이 극렬하게 반대했다.

그러나 맥아더 장군은 그렇기에 더욱더 인천을 통해 들어가야 한다고 주장했다. 적도 마찬가지로 방심하고 있을 것이라는 논리에서다. 또 인천으로 진격하면 수도인 서울을 다시 찾을 수 있었다. 서울을 다시 찾는 것은 상징성이 크다. 수도인 서울을 찾으면 국민과 군인들의 사기가 높아질 수 있고, 낙동강 전선에 배치된 북한군의 식량이나 탄약을 보급하는 이동로를 차단해 쉽게 이길 수 있다. 그리고 북한군 주력이 후퇴하는 길을 차단해 북한군을 격멸시킬 수도 있었다.

그래서 맥아더 장군은 9월 15일 인천상륙작전을 전격 실시한다. 우선 인천상륙작전을 성공시키기 위해 여건 조성을 한다. 해주, 군산, 원산, 주문진 등으로 상륙할 것처럼 거짓 위치를 무전으로 언급해 적을 혼란시키고 실제 소규모 병력을 포항 위쪽에 상륙시켜 북한군의 이목을 집중시킨다. 그래서 북한군은 인천에 대한 방어를 허술하게 한다.

맥아더 장군은 7만여 명의 유엔군 지상군 부대와 함정 261척을 투입해 약 2,000명 규모의 북한 방어 병력을 제압하고 인천상륙작전을 성공시킨다. 북한군이 예상하지 않던 곳이라 대비를 허술히 하여 유엔군은 상륙에 성공한다. 맥아더 장군의 예상이 적중한 것이다. 그리고 상륙작전 후 14일 만인 9월 28일 서울을 되찾는다.

한편, 낙동강 전선에 있는 북한군 진영에는 유엔군의 인천상륙작전이 성공했고, 낙동강 전선으로 북한군을 후방에서 공격해온다는 소문이 퍼진다. 북한군은 공황에 빠지게 되었다. 유엔군으로부터 앞뒤로 공격을 받는 형국이 되어버린 북한군은 전투력을 제대로 발휘하지 못하고 스스로 무너진다. 의지가 꺾여 후퇴하지만 북한으로 돌아갈 길도 유엔군에 의해 막혀 버린다. 그래서 북한군은 조직적인 지휘조차 안 된 상태로 무너진다.

유엔군은 38선을 넘어 파죽지세로 북진을 거듭해 압록강과 두만강 가까이 갈 수 있었다. 통일을 코앞에 두게 되었지만, 불행하게도 이때 중공군이 북한에 투입되면서 6·25전쟁은 장기화의 국면으로 접어들게 된다. 인천상륙작전은 6·25전쟁에서 풍전등화같이 위태롭던 한국의 상황을 급반전시켰다는 데 의의가 있다.

이 쾌거는 낙동강 전선에서 주력 부대를 배치한 정공법과 예상치 못했던 인천에서의 기책이 잘 만나 이뤄진 결과였다. 맥아더 장군은 손자가 이야기한 것처럼, 정공법으로 낙동강 전선을 방어하면서 적이 예상치 못한 후방지역으로 돌아가 인천을 공격하는 기책을 썼다. 그 결과 6·25전쟁에서 주도권을 잡고 북진을 할 수 있게 되었다.

여기서 유념해야 할 아주 중요한 전제조건이 있다. 기책은 정공법으로 대치 가능했을 때 성공한다는 것이다. 만약 인천으로 상륙하기 위해 이동하는 사이에 낙동강 전선이 무너졌다면 인천상륙작전도 실패했을 것이다. 정공법과 기책, 이 두 가지 모두가 중요하다. 정공법이 잘 받쳐 줬을 때 기책이 성공할 수 있고, 정공법이 튼튼할수록 다양한 기책을 쓸 수 있다.

의외의 매출을 올리는 기책을 찾아라

기정의 원리는 우리의 일상생활이나 기업 경영에도 적용된다. 보통 정공법인 주업에서 이익을 내지만, 기책이라 할 수 있는 부분에서 의외의 수익을 창출하는 경우가 꽤 있다. 예컨대 대부분의 요식업 매출 상당 부분은 정공법인 음식이 아니라 기책인 술이나 음료에서 나온다. 하지만 명심해야 할 점이 있다. 주업인 음식이 맛이 있고 매력이 있어야 술도 함께 팔린다는 것이다.

호텔의 경우도 마찬가지다. 주업은 숙박이지만 기책인 호텔의 웨딩홀과 레스토랑 같은 부대시설에서 매출의 상당 부분이 나온다. 그래서 호텔을 경영할 때는 많은 이익을 내기 위해 정공법인 숙박 시설을 잘 갖추는 데 더해 기책이라고 할 수 있는 부대시설을 어떻게 잘 갖추어 이익을 창출할지 고민해야 한다. 하지만 이 역시도 주업인 숙박이 잘 운영되었을 때 가능한 일이다.

기업에서 기책을 쓸 때는 경쟁사가 예상치 못한 방법으로, 자기 회사의 핵심역량을 잘 발휘할 수 있는 분야로 차별화시킬 필요가 있다. 주업에 더해 차별화되는 전략을 조화롭게 사용해야 이익이 극대화될 수 있다.

코카콜라를 넘어선 펩시콜라

항상 2등에 머물던 펩시콜라가 어느 순간 코카콜라를 제치고 굴지의 식음료 회사가 되었다. 그런데 그 비밀도 기정전략에 있었다. 두 회사는 콜라라는 주 종목에서 정공법으로 100여 년간 치열한 전쟁을 벌였다. 하지만 펩시는 한 번도 코카콜라를 이길 수가 없었다.

그런데 펩시가 기책을 활용해 2005년부터 시가총액에서 코카콜라를 제쳤다. 어떻게 이런 일이 가능했을까? 언젠가부터 비만이 큰 사회적 문제로 대두됐다. 두 회사는 설탕 함유량과 열량이 높은 탄산음료 소비자들의 선호도가 줄어들 것을 직감했다. 시장 규모가 줄어들 것을 우려하게 된 것이나.

웰빙 트렌드에 따른 식습관 변화에 발 빠르게 대응하기 위해 펩시콜라는 전략을 바꿔 콜라 한 종류만이 아닌 다양한 식음료 회사로 변신을 꾀했다. 콜라 이외의 건강 음료 제품군으로 영역을 확장한 것이다. 손자가 말한 정공법인 콜라에 기책이라고 할 수 있는 건강 음료 제품군을 추가해 영역을 확장한 것이다. 정공법인 콜라로 100여 년간 코카콜라를 추월할 수가 없었던 펩시가 기책을 활용해 경쟁하는 판을 아예 바꿔버렸다.

펩시콜라는 피자헛, KFC, 타코벨 등 패스트푸드 업체를 정리하고 1998년 주스 제조업체인 트로피카나를 인수했다. 2001년에는 스포츠 음료 게토레이를 보유한 퀘이커 오츠를 인수했다. 예상은 적중했고 결국 펩시콜라는 2005년 12월 112년 만에 시가총액에서 코카콜라를 따라잡고 세계적 종합식음료 회사로 거듭났다.

펩시콜라는 기책만 잘 쓴 게 아니라 정공법에도 충실했다. 핵심역량과 관련이 적었던 레스토랑 부문을 분리 매각해 운영 효율성을 높이고 비탄산음료에 투자할 재원을 확보했다. 또 맥도날드나 버거킹 등 외식 업체가 펩시를 경쟁사로 여겨 음료 구매를 꺼렸던 반감을 줄이면서 판로를 확대했다. 코카콜라에 밀려 항상 2위라는 수식어를 달고 다니던 펩시콜라는 종합식음료 회사로 전환하면서 연간 10억 달러 이상 판매되는 메가브랜드를 18개 이상 보유한 글로벌 식품기업으로 성장했다.

파레토 법칙을 기억하라!

그런데 기정전략을 막상 적용하려면 어느 정도를 정공법에 투자하고 어는 정도를 기책에 투자해야 할지 고민될 것이다. 이때 파레토의 법칙을 기억하면 좋다. 파레토 법칙은 전체 결과의 80퍼센트가 전체 원인의 20퍼센트에서 일어나는 현상을 말한다.

기업이 거두는 총이익의 80퍼센트는 기업의 여러 사업 중 20퍼센트에서 나는 경우가 많다. 우리의 성과 80퍼센트는 근무시간 중 집중력을 발휘한 20퍼센트의 시간에 이뤄진다. 상위 20퍼센트의 축구선수가 80퍼센트의 골을 넣는다. 자주 입는 옷은 옷장에 걸린 옷의 20퍼센트에 불과하다. 즉, 작은 부분의 노력이 큰 결과를 가져온다는 것인데, 기정전략과 파레토의 법칙이 꼭 일치되지는 않지만 유사하다.

여기서 80퍼센트는 기정전략의 정공법에 해당되고 20퍼센트는 기책이라고 보면 이해하기 쉽다. 옷장에 걸려 있는 자주 입지 않는 80퍼센트의 옷들이 불필요한 것은 아니다. 상황에 맞게 꼭 필요한 순간이 반드시 있다.

자주 입는 20퍼센트의 옷을 생각해보자. 전체 옷의 20퍼센트에 불과

하지만 촉감이 좋다든가, 색상이 마음에 든다든가, 그냥 편하다든가, 손이 자주 가는 이유가 있다. 다른 옷들과는 차별화되는 매력이 있다.

80퍼센트의 노력은 정공법에 쓰되 20퍼센트의 노력은 기책에 쓰면 안정적이다. 80퍼센트의 노력은 우리에게 평상시 주어진 업무나 과제, 즉 정공법 분야에 발휘하되 20퍼센트의 노력은 자신만이 가진 독특한 매력이나 캐릭터, 재능으로 남들과는 다르게 승부해보자. 이 비율이 꼭 정해진 것은 아니다. 그때그때의 상황에 따라 조율할 수 있다.

남과 100퍼센트 다르고 뛰어날 필요는 없습니다. 남들과 20퍼센트 다른 당신의 기책이 있으면 됩니다.

전설의 뱀 솔연 같은
조직을 만들라

솔연率然이라는 이름의 뱀에 대해 들어본 적이 있는가? 상산常山에 산다는 중국 전설 속의 뱀이다. 솔연은 이빨뿐 아니라 꼬리에도 독침이 있다고 한다. 적으로부터 머리를 공격받으면 꼬리가 휘어 적을 치고, 꼬리를 공격받으면 머리의 독침으로 반격한다. 몸통을 밟으면 꼬리와 머리가 동시에 공격한다는 아주 무시무시한 상상 속 뱀이다.

손자는 솔연처럼 군대와 조직을 운영하라고 한다. 한 부대가 공격받으면 다른 부대가 도와 반격하고 방어하는 것이다. 이렇게 할 수 있다면 어떤 위기상황도 극복해낼 수 있다. 솔연과 같은 효과적인 조직을 만들기 위해서는 우선 형을 갖춰야 한다. 형이란 국력과 군사력을 강하게 키우는 것이다. 그리고 조직 편성을 잘 짜야 하고, 지휘 통제 시스템을 갖추고, 운용술을 발전시켜야 한다.

솔연과 같은 조직을 이뤘던 군대가 있다. 동양과 서양을 호령했던 몽골 대제국의 군대다. 칭기즈 칸이 나타나기 전 몽골초원에는 약 50개 부족이 흩어져 하루도 끊임없이 부족 간에 약탈과 전쟁을 벌이고 있었다. 그런데 칭기즈 칸이 나타나 이러한 부족들을 통합하고 세계 대제국을 건설한다. 칭기즈 칸은 어떻게 소수 부족을 세계 대제국으로 만들 수 있었을까?

능력과 관용으로 인재를 기용하라

솔연과 같은 조직을 위해서 손자는 첫째로 강한 형을 이뤄야 한다고 했다. 칭기즈 칸이 대제국을 건설할 수 있었던 가장 큰 원동력으로 그의 관용정책과 능력 위주의 인사정책을 꼽을 수 있다. 그는 인재를 뽑을 때 친족이나 부족을 따지지 않고 능력과 충성만 있다면 파격적으로 등용했다. 그리고 점령한 부족도 그를 따르기만 하면 받아들였다. 당시는 인접 부족과 싸워 이길 경우 패배한 부족은 죽이든가 노예로 삼는 것이 일반적이었다. 그런데 칭기즈 칸은 점령 부족도 항복하면 온전한 삶을 보장했다. 지금으로 말하면 시민권을 준 것이다. 그러니 싸움을 하면 할수록 그를 지원하고 따르는 인원이 늘어갔다.

그의 이런 파격적인 행보의 배경엔 어린 시절의 경험이 작용했던 것 같다. 먼저 칭기즈 칸은 부족, 친척, 의형제로부터 배신을 당한다. 칭기즈 칸이 아홉 살 무렵 아버지가 타타르 부족으로부터 암살을 당한다. 칭기즈 칸의 아버지 예수게이는 뛰어난 리더십을 발휘하는 족장이었지만 아버지가 죽자 그의 부족과 친척들은 힘이 없어진 칭기즈 칸 가족을 버린다. 그리고 칭기즈 칸은 온갖 고초를 겪게 된다.

위기를 잘 극복하면서 청년으로 성장하여 추종 세력을 만들어가는데, 어느 정도 세력이 형성되었을 때 양아버지 옹칸으로부터도 배신을 당한다. 칭기즈 칸은 일생일대의 위기를 맞이하고 추격 세력과 싸우며 자신의 세력을 이끌고 도망을 친다.

칭기즈 칸이 간신히 다다른 곳은 온통 진흙인 발주나 호수였다. 이곳에서 몽골제국의 정체성이 되는 전설적인 사건이 벌어진다. 발주나 맹약이었다. 《삼국지》의 유비, 관우, 장비에게 도원의 결의가 있었다면 칭기즈 칸에게는 발주나 맹약이 있었다. 당시 칭기즈 칸에게 끝까지 남은 부하는 고작 19명뿐이었다. 이들은 진흙 물을 받아 들고 끝까지 칭기즈 칸에게 충성을 다하겠다고 맹세를 한다.

최후까지 남은 19명을 살펴보면 칭기즈 칸을 이해할 수 있다. 그가 모든 것을 잃은 상황에서 끝까지 그의 곁을 지킨 부하들은 그의 남동생을 빼고는 같은 부족도 아니고 몽골족도 아닌 이들이었다. 종교도 기독교, 불교, 이슬람 등 다양했다. 이러한 상황이 그에게 사람을 보는 기준을 바꾸게 했다. 배신할 여지와 충심을 기준으로 사람을 판단하게 된 것이다. 그에게는 배신하는 자와 배신하지 않는 자만이 있을 뿐이었다. 이후 그는 부족, 종교, 계급 등을 상관하지 않고 그에게 충성하고 능력 있는 사람을 기용했다.

조직은 체계적으로 구성하라

둘째로 손자는 강한 조직을 만들기 위해 조직의 편성을 짜임새 있게 구성해야 한다고 했다. 장수 한 명이 수많은 병사를 직접 지휘하는 것은 불가능하므로 군대는 일정한 인원을 기준으로 각 제대로 편성하고 묶어야 한다.

손자 시대에는 효과적인 지휘를 위해 5명을 오, 25명을 양, 100명을 졸, 500명을 여, 2,500명을 사, 1만 2,500명을 군으로 부대를 구분하는 경우가 많았다. 칭기즈 칸도 몽골군의 군대 편제를 개혁한다. 10진법을 기초로 10명, 100명, 1,000명, 1만 명 단위로 군대를 편성해 지휘를 용이하게 만들었다. 그리고 전투단위별 응집력을 높이기 위해 10명으로 편성된 병력 중 한 사람이라도 적에게 잡혀가면 나머지 9명이 끝까지 찾아오게 했다. 10명 중 1명의 도망자가 발생하면 9명 모두를 처벌했다. 그리고 군 편성 시 점령지 사람을 포함하여 연합으로 편성했다.

칭기즈 칸 이전 몽골 부족들은 사실 이러한 조직적인 지휘체계가 없었다. 칭기즈 칸이 체계적인 조직을 만들어 군을 훈련한 것은 대단한 일임이 분명하다.

지휘 통제는 신속하게 하라

강한 조직을 잘 지휘하기 위해서는 지휘 통제 수단이 효율적이어야 한다. 손자는 적절한 통제 수단이 있으면 혼란스러운 전투 현장에서 많은 병력을 단 몇 명처럼 손쉽게 지휘할 수 있다고 했다.

부대가 멀리 떨어져 있어도 솔연의 꼬리와 머리가 돕듯 한 부대가 다른 부대를 돕고 협동작전이 쉬워진다. 당시엔 지휘 통제 수단으로 횃불, 깃발, 북, 징을 사용했다. 몽골제국의 칭기즈 칸은 여기에 역참제도를 사용하면서 세계를 제패했다. 말을 탄 전령이 하루 150~250킬로미터를 달려 소식을 전했다. 이렇게 달릴 수 있는 것은 약 40킬로미터마다 설치된 역참을 이용하기에 가능했다. 역참에서 말을 갈아타고 필요할 경우 전령도 교체했다. 그래서 인접 부대 소식 및 정보를 신속히 전파할 수 있었다. 몽골군은 서로 멀리 떨어진 부대에도 적에 대한 정보를 공유했고, 먼 거리에서도 부대 간 상호 협조와 전투 지휘가 가능했던 것이다.

전법과 전술은 변화무쌍하게 구사하라

마지막으로 강한 조직은 운용술을 변화무쌍하게 쓴다. 손자는 병력의 운용 형태는 물의 성질을 닮아야 한다고 했다. 병형상수兵形象水라고 한다. 물은 고유의 정체성을 유지하면서 담는 그릇에 따라 다양한 형태로 변화한다. 물병에 담으면 물병 형태로, 단지에 담으면 단지 형태로, 또 계곡의 물은 계곡의 형태로 변화무쌍하게 자신의 형태를 바꾼다.

이와 같이 손자는 군의 운용도 상황에 맞게, 창의적이고 새로운 방식을 추구하면서 다양한 전법과 전술을 구사하는 게 중요하다고 했다. 몽골군도 전투를 하면서 점령지의 새로운 전술을 끊임없이 받아들이며 마치 물의 형태처럼 기마술을 기본으로 하면서 전술을 다변화했다.

예를 들어 몽골은 중국을 공격하고, 중국의 공성 기술과 장비를 흡수하고 화약을 받아들였다. 그래서 유럽을 점령할 때는 중국인들이 만든 공성 무기와 화약으로 만든 폭탄들이 사용되었다. 당시 유럽 기사들에게 화약은 난생처음 보는 것이었고 공포 그 자체였다. 호라즘 왕국을 공격할 때는 낙타까지 이용해서 사막을 500킬로미터나 가로질러 가는 전술을 사용하기도 했다.

솔연과 같이 어떤 상황에서도 유연하고 강력한, 잘 짜여진 조직을 만드세요. 그리고 리더로서 이끌어가세요.

제6편 허실

적의 허실을 간파하라

〈허실〉 편 개요

'허실虛實'이란 '허한 것과 실한 것'을 말한다. 당태종은 〈허실〉 편이 《손자병법》 중에서도 가장 중요한 부분이라고 했다. 적이 대비하고 있으면 실이고, 적이 대비하지 않는 곳이 허이다. 〈허실〉 편의 핵심 구절은 '피실격허避實擊虛'다. 적의 실한 곳을 피하고 허한 곳을 타격해야 한다는 말이다. 병력 운용은 물이 높은 곳에서 지형을 따라 낮은 쪽을 향해 흘러가듯 실한 곳은 피하고 허한 곳을 향해 나아가야 한다고 설명한다.

전쟁에서 승리하기 위해서는 주도권 확보가 중요하다. 주도권에는 전반적인 주도권과 전투 현장에서의 주도권이 있다. 전반적 주도권은 힘이 강하여 적을 좌우할 수 있는 능력을 의미한다. 전투 현장에서의 주도권은 결전 장소와 시간을 내가 결정하고 적을 끌고 오는 능력을 의미한다. 전투 현장에서 주도권을 잡기 위해서는 적의 허실을 잘 간파해야 하며, 나는 집중하고 적은 분산시켜야 한다. 그리고 적의 부대 간 상호 지원과 협조를 방해해야 한다.

적을 파악할 때 허실의 관점에서 파악하여 적의 허한 곳을 치면 바위로 계란을 치듯 쉽게 이길 수 있다. 이 〈허실〉 편에는 승리할 때 썼던 방식을 반복해서는 안 된다는 전승불복戰勝不復의 구절도 나온다.

● 주도권을 잡는다

孫子曰, 凡 先處戰地 而待敵者는 佚하고 後處戰地 而趨戰者는 勞라
손 자 왈 범 선 처 전 지 이 대 적 자   일   후 처 전 지 이 추 전 자   로

故로 善戰者는 致人而不致於人이니 能使敵人으로 自至者는
고   선 전 자   치 인 이 불 치 어 인   능 사 적 인   자 지 자

利之也요
리 지 야

能使敵人으로 不得至者는 害之也니라.
능 사 적 인   부 득 지 자   해 지 야

손자가 말하였다. 무릇 먼저 싸움터에 위치해서 오는 적을 맞이하는 자는 편하고, 싸움터에 뒤늦게 도착하여 싸움에 끌려드는 자는 힘들게 된다.

그러므로 잘 싸우는 자는 적을 끌어들이되 적에게 끌려가지 않는 것이니,

적에게 스스로 오게 하는 것은 이롭다는 생각이 들게 해야 하고, 오지 못하게 하려면 해롭다는 생각이 들게 해야 한다.

● 적을 내 마음대로 조종한다

故로 敵佚이면 能勞之하고 飽면 能飢之하고 安이면 能動之하고
고   적 일   능 로 지   포   능 기 지   안   능 동 지

出其所不趨하며 趨其所不意하나니
출 기 소 불 추   추 기 불 소 의

行千里而不勞者는 行於無人之地也요 攻而必取者는
행 천 리 이 불 로 자   행 어 무 인 지 지 야   공 이 필 취 자

攻其所不守也요
공 기 소 불 수 야

守而必固者는 守其所不攻也라.
수 이 필 고 자   수 기 소 불 공 야

故로 善攻者는 敵不知其所守하고 善守者는 敵不知其所攻하나니
고   선 공 자   적 부 지 기 소 수   선 수 자   적 부 지 기 소 공

微乎微乎여 至於無形이요 神乎神乎여 至於無聲이라.
미 호 미 호   지 어 무 형   신 호 신 호   지 어 무 성

그러므로 적이 편안하면 피로하게 만들고, 적이 배부르면 굶주리게 만들며, 안정되어 있으면 동요시킬 수 있어야 한다.

(적이 실하면 허하게 만드는 방법을 제시한 것이다. 적의 허실을 판단하여 적의 허한 곳을 공격하는 것이 좋으나, 적이 계속 실하면 허하게 만들 수도 있다.)

적이 갈 수 없는 곳으로 나아가며, 뜻하지 않은 곳으로 나아가나니, 천리를 진군해도 피로하지 않음은 사람이 없는 곳으로 가기 때문이다.

(현대 군사학적 관점에서 보면 최소 예상선과 최소 저항선으로 나아가라는 의미로 이해할 수 있다. 최소 예상선, 최소 저항선으로 나아가면 전투를 최소로 할 수 있고 쉽게 나아갈 수 있다는 의미이다.)

공격하여 반드시 빼앗는 것은 그 지키지 않는 곳을 공격하기 때문이고, 방어가 견고한 것은 적이 공격할 수 없도록 지키기 때문이다.

그러므로 잘 공격하는 자는 적이 어디를 방어할지 모르게 하고, 방어를 잘하는 자는 적이 어디를 공격해야 할지 모르게 한다.

미묘하고 미묘하도다. 무형의 경지여!

신비하고 신비하도다. 무성의 경지여!

('미호미호, 신호신호'는 감탄사의 일종이다. 적이 나의 의도와 태세를 모르게 하는 것이 최고의 경지라는 의미이다. 즉, 내가 적에게 나의 의도와 태세를 노출시키지 않음으로써 적이 나에 관해서 어디를 공격해야 하는지, 어디를 방어해야 하는지 모르게 하는 것이 매우 중요하다는 의미이다.)

● 적이 반드시 구해야 할 곳을 공격한다

故_로 能爲敵之司命_{이니} 進而不可禦者_는 衝其虛也_요
고　능위적지사명　　진이불가어자　　충기허야

退而不可追者_는 速而不可及也_{니라.}
퇴이불가추자　속이불가급야

故_로 我欲戰_{이면} 敵雖高壘深溝_나 不得不與我戰者_는
고　아욕전　　적수고루심구　부득불여아전자

攻其所必救也_요
공기소필구야

我不欲戰_{이면} 雖劃地而守之_{라도} 敵不得與我戰者_는
아불욕전　　수획지이수지　　적부득여아전자

乖其所之也_라
괴기소지야

그러므로 능히 적의 생사를 좌우할 수 있으니, 나아가되 적이 막지 못
함은 그 허점을 공격하기 때문이다.

물러나되 적이 쫓지 못함은 빨라서 적이 따를 수 없기 때문이다.

그러므로 내가 싸우고자 하면 적이 비록 성루를 높이고 참호를 깊이 파
서 지킨다 해도 나와서 싸울 수밖에 없는 이유는 그들이 반드시 구출해야
할 급소를 공격하기 때문이다.

내가 싸우지 않으려 하면 비록 땅에 선만 긋고 지킬지라도(방어 태세가
허술히 보이게 하더라도) 적이 싸움을 걸지 못하는 것은 그들이 바라는 바
를 허물어뜨리기 때문이다.

● 적의 형태는 드러내고 나의 형태는 드러내지 않는다

故_로 形人而我無形_{이면} 則我專 而敵分_{하리니}
고　형인이아무형　즉아전 이적분

我專爲一_{하고} 敵分爲十_{이면} 是_는 以十_{으로} 攻其一也_니
아전위일　적분위십　시 이십　공기일야

則我衆敵寡라
즉 아 중 적 과

能以衆擊寡면 則吾之所與戰者 約矣요
능 이 중 격 과   즉 오 지 소 여 전 자 약 의

吾所與戰之地를 不可知니 不可知면 則敵所備者 多하고
오 소 여 전 지 지   불 가 지   불 가 지   즉 적 소 비 자 다

敵所備者 多면 則吾所與戰者 寡矣라
적 소 비 자 다   다 즉 오 소 여 전 자 과 의

故로 備前則後寡 備後則前寡하고 備左則右寡 備右則左寡하고
고   비 전 즉 후 과 비 후 즉 전 과   비 좌 즉 우 과 비 우 즉 좌 과

無所不備 則無所不寡니 寡者 備人者也오 衆者
무 소 불 비 즉 무 소 불 과   과 자 비 인 자 야   중 자

使人備己者也라
사 인 비 기 자 야

그러므로 적의 형태를 드러나게 하고 나의 형태는 드러나지 않게 하면 나는 뭉치게 되고 적은 분산하게 되니,

나는 하나로 뭉치고 적은 열로 나누어지면 이는 나의 열로써 적의 하나를 공격하게 되느니, 나는 우세하고 적은 열세할 것이다.

현명하게도 우세로써 열세를 치면, 내가 싸워야 할 바는 간단할 것이다.

내가 싸우려 하는 곳을 알지 못하게 할 것이니, 적이 그것을 알지 못하면 적은 대비해야 할 곳이 많아지고, 적이 대비할 곳이 많아지면 내가 싸울 상대는 열세가 될 것이다.

그러므로 앞을 대비하면 뒤가 열세해지며 뒤를 대비하면 앞이 열세해지고, 좌측을 대비하면 우측이 열세해지며 우측을 대비하면 좌측이 열세해진다.

대비하지 않는 곳이 없으면 열세하지 않은 곳이 없게 되는 것이니, 열세하다는 것은 적을 대비하기 때문이요(주도권 상실), 우세하다는 것은 적이 자기를 대비하게 하기 때문이다(주도권 장악).

● 적이 많아도 가히 싸울 수 없게 만들 수 있다

故로 知戰之地하고 知戰之日이면 則可千里而會戰이요
고   지 전 지 지   지 전 지 일   즉 가 천 리 이 회 전

不知戰地하고 不知戰日이면 則左不能救右하고 右不能救左하며
부 지 전 지   부 지 전 일   즉 좌 불 능 구 우   우 불 능 구 좌

前不能救後하고 後不能救前이요 而況遠者數十里와
전 불 능 구 후   후 불 능 구 전   이 황 원 자 수 십 리

近者數里乎리오.
근 자 수 리 호

以吾度之컨대 越人之兵이 雖多나 亦奚益於勝哉라
이 오 도 지   월 인 지 병   수 다   역 해 익 어 승 재

故로 曰 勝可爲也니 敵雖衆이나 可使無鬪니라.
고   왈 승 가 위 야   적 수 중   가 사 무 투

싸울 장소와 싸울 시기를 알면, 가히 천 리에 걸쳐 싸움을 치를 수 있을 것이다.

싸울 장소를 모르고 싸울 시기를 알지 못하면, 좌익이 우익을 구하지 못하고 우익이 좌익을 구하지 못하며,

전위가 후위를 구하지 못하고 후위가 전위를 구하지 못할 것이니, 하물며 멀리 수십 리 또는 가까이 수 리를 떨어지면 어떻게 하겠는가.

이렇게 헤아려 보건대 월나라 병력이 비록 많다고 해도 어찌 승리에 더 유리하다 하겠는가.

그런 까닭에 승리는 가히 만들 수도 있다고 말할 수 있으니, 비록 적이 많다 해도 가히 싸울 수 없게끔 만들 수 있다.

(오나라 장수로 기용된 손무가 그 당시 오나라의 적국인 월나라를 비교해서 설명한 것으로 보인다. 월나라 병력이 오나라보다 많아도 허실을 적용하면 이길 수 있다는 것이다. 즉, 오나라 병력은 집중하고, 월나라 병력은 분산시키고 서로 지원을 하지 못하게 만든 후 공격하면 쉽게 이길 수 있다고 설명하고 있다.)

● 적을 찔러서 적의 반응을 보고, 적을 파악한다

故로 策之 而知得失之計하며 作之 而知動靜之理하며
고   책지 이지득실지계   작지 이지동정지리

形之 而知死生之地하며 角之 而知有餘不足之處라.
형지 이지사생지지   각지 이지유여부족지처

그러므로 계책을 써서 적의 득실의 계획을 파악하고, 적을 움직이게 해서 적의 동정의 이치를 파악하며,

적이 형태를 나타내게 하여 그들의 사지와 생지를 알아내며, 적과 부딪쳐서(위력수색) 적의 집중 및 절약 지점을 알아낸다.

(적국에 첩보원을 운용하여 적을 알아본다거나, 징후를 보면서 적을 파악하더라도, 적의 능력과 태세를 정확히 알기는 어렵다. 그래서 적을 흔들어 보고 찔러보면서 적의 반응을 보고, 적의 허실을 알아내야 한다는 의미이다. 현대 군사학에서는 위력수색 등으로 묘사한다.)

● 싸워 이기는 방법을 반복하지 않는다.

故로 形兵之極에 至於無形이니 無形 則深間 不能窺하고
고   형병지극   지어무형   무형 즉심간 불능규

智者 不能謀니 因形而措勝於衆이면 衆不能知요
지자 불능모   인형이조승이중   중불능지

人皆知我所以勝之形이나 而莫知吾所以制勝之形이라
인개지아소이승지형   이막지오소이제승지형

故로 其戰勝不復 而應形於無窮이라.
고   기전승불복 이응형어무궁

병력 배치의 극치[形](군대 형태의 극치)는 특정 형태가 없음에 이르는 것이니, 특정과 형태가 없으면 깊이 잠입한 첩자도 능히 엿볼 수 없고,

지혜 있는 자라도 계략을 쓰지 못하게 된다. 형세에 따라 승리를 조성

해가면 사람들은 알아차리지 못한다.

그래서 사람들은 모두 내가 승리한 때의 모양은 알고 있어도, 내가 승리를 조성해 나간 형태(사전 조치한 계책)는 알지 못한다. 그러므로 싸워 이기는 방법은 반복함이 없고, 적과 나의 형세에 따라서 막힘이 없이 응용해 나가는 것이다.

(전투는 사전 여건 조성과 전투 현장에서 잘 싸우는 것을 포함한다. 그런데 손자는 사전에 충분히 이길 수 있는 여건 조성을 강조한다. 사전에 충분한 승리의 여건을 조성하고 쉽게 이기라는 것이다. 사람들은 사전 여건 조성은 알아차리지 못하고, 전투 현장에서 이기는 모습만 생각한다. 그리고 싸워 이기는 방법을 반복하지 말고 상황에 따라 싸우는 방법을 다양하게 해야 한다고 말한다. 여기서 싸워 이기는 방법에는 사전 여건 조성도 포함된다.)

● 전투력 운용은 물의 성질을 닮아야 한다

夫 兵形 象水니
부 병형 상수

水之形은 避高而趨下하고 兵之形은 避實而擊虛하며
수 지 형 피 고 이 추 하   병 지 형 피 실 이 격 허

水 因地而制流하고 兵 因敵而制勝이라
수 인 지 이 제 류   병 인 적 이 제 승

故로 兵無常勢 水無常形하니
고 병 무 상 세 수 무 상 형

能因敵變化 而取勝者를 謂之神이라
능 인 적 변 화 이 취 승 자   위 지 신

故로 五行無常勝하고 四時無常位하며
고 오 행 무 상 승   사 시 무 상 위

日有短長하고 月有死生이니라.
일 유 단 장   월 유 사 생

대체로 전투력의 운용 양상은 물의 성질을 닮았으니,

물의 성질은 높은 곳을 피해 낮은 곳으로 나아가고, 전투력의 운용은 적의 실한 곳을 피해 허한 곳을 친다.

물은 땅의 형태에 따라 흐름을 바꾸며, 전투력은 적의 형태에 따라 승리를 조성해가는 것이다.

그러므로 전투력 운용에는 일정한 형세가 없고 물도 일정한 형태가 없으니, 능히 적의 변화에 맞게 승리를 확보해가는 자를 일컬어 신의 경지라 한다.

그런데 오행[金水木火土]의 어느 요소도 다른 모든 요소를 이길 수는 없으며, 네 계절도 언제나 고정됨이 없으며, 해도 길고 짧음이 있고, 달도 차고 기울어짐이 있는 것이다. (제반 현상의 이러한 변화에 관해 잘 이해하고, 적응해야 한다는 의미)

SECRET 12

적의 허점과 실한 곳을
정확히 파악하라

어른과 아이가 싸우면 누가 이길까? 당연한 것을 묻는다고 생각할 수도 있겠다. 어른이 이긴다. 하지만《손자병법》의 허실을 아는 아이라면 포기하지 않는다. 이길 기회를 만들어낼 수 있기 때문이다.

어떻게? 어른이 잘 때까지 기다린다. 어른이 잠이 들면 아이도 쉽게 공격할 수 있기 때문이다. 어른이 무방비일 때 공격하는 것으로, 이를 허실전략이라 한다. 손자는 허실虛實을 알면 바위로 계란을 깨는 것처럼 쉽고 온전히 승리할 수 있다고 강조했다.

중국 역사상 전략 전술에 뛰어난 황제 중 한 명인 당나라 태종은《손자병법》의 대가이기도 했다. 당태종은 "병법서 중에서는《손자병법》이 최고이고,《손자병법》총 13편 중에서는 제6편 〈허실〉이 가장 백미"라고 손꼽았다. 당나라 태종이 칭송한 허실에 관해 알아보자.

허실이란 단어는 우리 일상생활에서도 많이 사용되고 있다. 운동경기를 할 때 '상대편의 허점을 노리라'라고 흔히 말하곤 한다. 이때 허점이 허虛다. 건강할 때는 몸이 실하다고 표현하고 아프면 몸이 허하다고 말한다. 몸이 건강하여 실할 때는 자신의 장점 발휘가 잘된다. 그런데 몸이 아파 허할 때는 장점이 잘 발휘되지 않고 취약해진다.

군사학적인 관점에서 실實은 경쟁자가 싸울 준비가 되어 있고 강점이 그대로 발휘 가능한 상태를 말한다. 허虛는 경쟁자가 가진 장점이 잘 발휘되지 못하고 허점이나 약점이 노출된 취약한 상태를 의미한다.

뉴스에서 '군사 대비 태세가 잘되어 있다' 혹은 '군사 대비 태세가 안 되어 있다'라고 말하는 것을 들어보았을 것이다. 군사 대비 태세가 잘된 상태가 실한 상태고 군사 대비 태세가 안 된 상태가 허한 상태다.

《손자병법》 제6편 〈허실〉 편에는 '피고추하避高趨下 피실격허避實擊虛'라는 말이 나온다. '피고추하'는 물이 높은 곳을 피해 끊임없이 낮은 쪽으로 흐른다는 뜻이다. '피실격허'는 병력 운용은 물이 낮은 쪽을 향해 흘러가듯 실한 곳은 피하고 허한 곳을 향해 나아가야 한다는 말이다. 즉, 군사력 운용은 적이 대비된 쪽을 피하고, 적이 대비되지 않은 쪽으로 나가야 한다.

적의 실한 쪽을 공격하면 당연히 아군의 피해가 클 뿐 아니라 승산도 적다. 그러나 적이 미처 대비하지 못한 곳이나 방심하고 있는 곳을 친다면 승률이 올라간다.

적이 실하다면 허하게 만들 궁리를 하라

적이 허하지 않다면 허하게 만들 필요도 있다. 다양한 방법을 시행하는데, 현대전에서는 적의 주둔지나 진지에 야간에 불규칙적으로 포를 쏘기도 한다. 그러면 적은 자다가 포탄이 떨어져서 대피하느라 잠을 제대로 잘 수 없다. 이를 요란사격이라고 한다.

적의 보급로나 식수를 끊어버려 적을 허하게 만들기도 한다. 또 적의 심신이 안정돼 있으면 다양한 심리전을 통해 적을 불안에 떨게 하고 동요하게 만든다. 적의 무기 공장을 파괴하거나 탄약고를 공격하는 방법도 있다.

허실과 강약점의 차이

여기서 헷갈리기 쉬운 것은 허실과 약점·강점의 차이다. 사람들은 흔히 약점은 보완하고 강점은 더 강화하라고 한다. 하지만 강점을 강화하고 약점을 보완하는 데는 오랜 시간이 걸린다.

아이가 어른을 이기기 위해 약점을 보완하려면 적어도 10년은 걸릴 것이다. 하지만 경쟁이 당장 이뤄져야 한다면 어떻게 하겠는가? 지금 당장 적의 허실을 따져봐야 한다.

허실은 현재 적이 지닌 상태다. 몸에 비유하자면 머리가 실한데 다리 부근이 허할 수도 있고, 다리가 실한데 머리 부근이 허할 수도 있다. 항상 상대의 상태를 살피고 실한 곳이 어디인지 파악하고 돌아가는 지혜가 필요하다. 그리고 허한 곳을 발견했다면 빠르게 공격하는 기민한 자세를 익혀두어야 한다.

아르덴 고원 전투

허실전략을 잘 활용함으로써 승리를 이끌어낸 전쟁이 있다. 제2차 세계대전 때 일어난 독일과 프랑스의 전쟁이다. 이때 독일군은 프랑스군과 연합군이 대비 중이던 실한 곳을 피하고, 방심하고 있던 허한 곳을 전격전으로 공격해 압승을 거뒀다.

제1차 세계대전 후 전범 국가로 낙인찍힌 독일은 1919년 맺어진 베르사유 조약이 너무나 가혹하고 굴욕적이라고 생각했다. 이후 1929년 세계에 불어 닥친 대공황으로 독일 경제는 극도로 어려워지고 독일의 바이마르 공화국은 무너지게 된다. 그 틈을 타 히틀러가 집권하고 독일은 전체국가로의 길을 걷는다. 1939년 독일은 폴란드를 점령하고 덴마크와 네덜란드를 차례로 점령하게 된다. 이후 독일은 소련과 상호 불가침조약을 맺고 프랑스를 침공하게 된다.

프랑스는 제1차 세계대전이 끝나고 참호전으로 인한 어마어마한 인명피해를 겪었다. 일종의 사회적 트라우마였는데, 참호를 깊게 파고 방어를 잘하면 전쟁에 승리할 수 있다는 '방어 제일주의 사상'으로 물들게 된다. 그래서 프랑스는 10년(1927~1936) 동안 독일과 맞닿은 국경에 거대한 요새를 건설하기 시작한다. 160억 프랑이라는 엄청난 예산을 들여 350킬로미터에 걸쳐 요새를 건설한다. 당대 최고의 축성기술을 총동원해 지하 벙커 형태로 만든 난공불락의 요새였다. 마지노선 요새다.

반면 독일은 제1차 세계대전 이후 공격 전술인 전격전을 발전시킨다. 전격전은 항공기의 지원을 받아 전차로 신속히 적진을 돌파하는 전술이다. 제1차 세계대전 당시의 참호전으로 입은 엄청난 피해를 줄이고 승리하기 위해 전차를 집단으로 운용하는 전술을 개발한 것이다. 폴란드전에서 처음으로 시행해 대승을 거둠으로써 전격전에 대한 효과를 본 독일은 프랑스 침공 시에도 전격전을 쓸 계획이었다.

독일은 실제로 프랑스 침공 준비를 시작하는데, 이 마지노선으로 들어가면 호랑이 입으로 들어가는 것과 같이 피해가 클 것이 자명했다. 허실로 따지면 실에 해당하는 것이다. 그래서 독일은 프랑스로 들어갈 수 있는 길이 아주 제한적이었다. 선택지가 황색작전뿐이었다. 즉, 프랑스 북쪽에 있는 벨기에를 통해 진격하는 방법밖에는 없었다. 하지만 프랑스와 연합군은 이러한 독일의 상황을 예측해서 방어할 것이 뻔했다.

독일은 슐리펜 계획이라 해서 제1차 세계대전 때도 벨기에를 통해 프랑스를 공격한 전력이 있었다. 이때 전략과 전술에 뛰어난 독일 장군 프리츠에리히 폰 만슈타인이 아무도 예측하지 못했던 아르덴 고원으로 들어가자고 주장한다. 적의 허를 치자는 것이었다. 아르덴 고원은 빽빽한 삼림지대로 기갑부대가 통과할 수 없는 지역으로 알려져 있었다. 그래서 연합군도 크게 경계하지 않고 있었다.

이 제안이 무모해 보였는지 독일 육군 최고사령부는 반대를 한다. 하지만 기갑부대의 아버지 구데리안 장군은 기갑부대가 아르덴 지대를 통과할 수 있다고 주장했고, 히틀러는 만슈타인과 구데리안의 손을 들어준다. 그래서 1940년 5월 10일 독일은 이 아르덴 삼림 지역을 주력으로 프랑스 침공을 개시한다. 세 개의 집단군으로 나눠서 공격하는데 먼저 한 개의 집단군이 네덜란드와 벨기에로 들어가 마치 자신들이 주력부대인 양 연합군을 기만한다.

150만 명의 프랑스군과 영국 연합군은 이 기만세력을 독일군 주력으로 완전히 착각해버렸고, 영불 연합군의 주력도 벨기에로 진격해 들어간다. 프랑스 후방은 고스란히 노출되어 버렸다. 이때 독일의 주력 부대(총 5개 사단, 7개 기갑사단)가 아르덴 삼림지대를 통과해 연합군을 뒤에서 포위했다. 독일의 나머지 집단군은 마지노선의 병력을 잡아두는 역할을 맡았다. 연합군은 초기에만 약간 저항했을 뿐 대혼란을 겪으며 빠르게 붕괴되었다.

독일군은 초기에 너무 큰 전과를 얻은 것이 자신들도 믿기 어렵다는 식의 태도를 보였다. 우선 구데리안 장군은 거의 기적이었다고 언급했다. 이들의 기갑부대가 속속 해안의 항구들을 장악하고 프랑스 깊숙이까지 너무나 쉽게 진격하자 히틀러와 독일군 최고사령부 모두 자기들이 함정에 빠진 것은 아닌지 걱정할 정도였다.

이후 독일군은 6월 13일 파리를 점령했고, 사흘 후에는 프랑스가 항복했다. 독일군은 5주 만에 프랑스를 점령하고 대승을 거뒀다. 군사 강국이던 프랑스가 이렇게 빨리 독일에 함락될 것이라고는 아무도 예측하지 못했다. 독일이 프랑스의 실한 곳, 즉 마지노선과 벨기에 북부지역을 피하고 허한 곳으로 아무도 생각하지 못한 아르덴 삼림지대를 택해 크게 승리한 사례다. 독일이 허를 친 결과 프랑스는 어마어마한 병력과 마지노선 요새라는 엄청난 방어선을 구축하고도 당할 수밖에 없었다.

경쟁하기보다는 블루오션을 찾아라

경영 분야에서 허실전략과 가장 유사한 전략을 찾는다면 블루오션 전략을 들 수 있다. 블루오션 전략은 유럽경영대학원 인시아드의 김위찬 교수와 르네 모보르뉴 교수가 1990년대 중반 발표한 전략이다. 블루오션은 수많은 경쟁자가 치열하게 싸우는 레드오션과 상반되는 개념으로, 경쟁자들이 없는 무경쟁 시장을 말한다.

치열한 경쟁 속에서 시장점유율을 확보하기 위해 애쓰는 것이 아니라 차별화된 서비스와 제품으로 자신만의 독특하고 새로운 시장을 발굴해 싸우지 않고 이긴다는 전략이다. 즉, 블루오션 전략은 경쟁자들이 생각하지 않고 신경 쓰지 못한 시장에서 쉽게 성공하라는 것인데, 이는 강한 적을 피하고 적이 예상치 못한 곳을 공격하라는 손자의 허실전략과 닮았다.

서커스단 태양의 서커스Cirque du Soleil가 펼치는 공연을 본 적이 있는가? 아마 많은 사람이 포스터를 보거나 이야기는 들어봤을 것이다. 태양의 서커스는 블루오션 전략으로 성공한 엔터테인먼트 기업이다. 1984년 설립된 태양의 서커스 창업자 기 랄리베르테는 당시 쇠락하던 서커스 산업의 문제점을 인식하고 과감히 기존의 서커스에서 탈피한 새로운 형식의 서커스를 선보인다.

그는 서커스 하면 빠지지 않았던 동물 조련 쇼나 스타 곡예사, 유치한 의상 등을 과감히 없앴다. 대신, 그쪽에 들어갔던 비용을 발레, 연극, 뮤지컬과 같은 예술적인 요소를 도입하는 데 투자해 새로운 종합 공연 콘텐츠로 혁신한다. 당시 어린이들이나 즐긴다고 생각했던 서커스를 성인들도 즐길 수 있는 문화 콘텐츠로 승화시킨 것이다. 그리고 가격을 올려 고급화시켰다. 〈쥬메니티〉라는 작품은 오직 성인만을 위한 공연이다. 실험적으로 수중 서커스를 공연하는가 하면 초대형 회전무대 서커스,

뮤지컬 형태의 서커스 〈드랄리온〉, 1,800억 원이라는 막대한 자본이 투입되고 빔 프로젝션을 이용한 인터렉티브 아트 서커스 〈카〉를 선보이기도 했다.

기 랄리베르테의 경영 전략은 적중했고, 태양의 서커스는 세계로 뻗어 나갔다. 지금까지 공연을 본 누적 관객만 1억 명이 넘는다. 또한 서커스단 태양의 서커스는 복제판 공연을 만들지 않는 것으로 유명하다. 감히 다른 팀이 모방할 수 없도록 9개의 상설공연, 6개의 순회공연, 1개의 아레나 공연 모두 독자적인 단독 무대와 단독 프로젝트로 구성해 제작한다.

비슷한 디자인, 비슷한 성능, 비슷한 가격으로 경쟁하는 레드오션에서는 하나의 파이를 두고 치열한 각축전이 벌어진다. 그런데 당연하다고 생각했던 기존의 기준을 뒤집으면 새로운 기준의 블루오션으로 옮겨갈 수 있다. 허실의 허한 곳으로 나아가는 것이다.

현재 힘이 없다고 포기하지는 마세요. 어떤 상대든 허실이 있습니다. 기회를 만들면 됩니다.

주도권을 잡으면
결정권은 따라온다

어디서든 주도권을 가진 한두 사람이 팀 전체의 분위기를 이끌어가는 경우가 많다. 예컨대 친구들과 모여 축구시합을 할 때 축구 기량이 뛰어난 친구가 주도권을 가지고 팀을 이끄는 식이다. 친목 모임에 가도 총무나 회장 또는 분위기를 잘 띄우는 사람이 주도권을 가지고 이끌어 간다. 그런데 주도권을 가진 사람은 아무래도 상황을 자신에게 유리하게 이끌 수 있다. 또 중요한 사실은 그들이 어떠한 결정에서든 상대적으로 큰 영향을 미칠 수 있다는 것이다.

주도권이란 상황을 통제할 수 있는 권리나 권력을 의미한다. 손자가 말한 전쟁에서의 주도권 장악도 이와 같은 맥락에서 이해할 수 있다. 특히 승부의 세계에선 주도권을 잡는 것이 대단히 중요한데, 그래야만 승리에 유리한 여건을 조성해 나가기 쉬워지기 때문이다. 주도권이 우리에게 있어야 전략을 수립하기 용이하고, 아군에게 유리한 전투 시기와 장소를 선택할 수 있다.

주도권은 대체로 승부의 세계에서 강한 측이 갖게 되는 경우가 많다. 통상 강한 쪽이 주도권을 갖고 공격하고, 약한 쪽이 주도권 없이 방어한다. 그러나 주도권이 없다고 해서 적에게 끌려다니기만 해서는 안 된다. 주도권이 없더라도 방어하면서 다양한 방법으로 적을 방해하고 주도권을 빼앗아올 기회를 모색해야 한다.

주도권을 잡는 비책

주도권은 일반적인 주도권과 전투 현장에서의 주도권으로 나눠볼 수 있다. 우선 일반적 주도권이란 전반적으로 힘의 우위에 서는 것을 말한다. 군사 최강국 미국은 다른 약소국에 대하여 이미 일반적인 주도권을 가지고 있다. 그래서 정치 외교적으로도 큰 입김을 행사할 수 있다. 이처럼 일반적 주도권은 상대를 좌우할 수 있는 능력이 있는 것이다. 손자는 '능위적지사명能爲敵之司命'이 되어야 한다고 했다. 적의 생사를 좌우할 수 있는 것. 다시 말해 힘이 아주 우세해서 전쟁할지 말지를 상대가 아닌 내가 결정하는 것이다.

일반적 주도권을 쥐기 위해선 국력과 군사력이 적보다 강해야 한다. 그리고 정신적인 면에서 의지가 확고해야 하고, 지혜로워야 한다. 하지만 일반적 주도권을 갖고 있다고 해서 전투 현장에서도 항상 주도권을 갖는 것은 아니다. 전투 현장에서의 주도권은 말 그대로 전투 중에 발휘되는 주도권을 의미한다. 전체적인 군사력이 적보다 열세하더라도 계책과 지략을 발휘해 전투에서의 주도권을 행사할 수 있다.

전투 현장에서 주도권을 행사하기 위해서는 첫째, 결정적 전투 장소와 싸우는 시간을 자신이 선택해야 한다. 손자는 자신이 어디서 언제 싸울지를 안다면 천 리 밖에서도 전쟁을 지휘할 수 있다고 했다. 적이 그것을 모른다면 전투력이 강하더라도 상호지원이나 협조가 어렵다.

둘째, 지속해서 주도권을 발휘하기 위해서는 나는 집중하고 적은 분산시켜야 한다. 그러면 나의 압도적 우세로 쉽게 승리할 수 있다.

셋째, 적의 부대 간 상호지원 및 협조를 방해해야 한다. 적의 전투력이 많더라도 상호지원이 안 되면 적은 병력의 유휴화 현상이 발생한다. 힘을 발휘하지 않는 병력이 많아지는 것이다. 이렇게 되면 많은 병력을 가졌더라도 전투 현장에 투입된 적은 나보다 적어질 수 있다.

주도권을 확보한 한산대첩

결정적 전투 현장에서 주도권 확보를 잘한 사례로는 임진왜란 때 나라를 구한 이순신 장군의 한산대첩을 들 수 있다. 이순신 장군은 한산대첩에서 싸울 시기와 장소를 미리 정하고 왜의 수군을 유인해 대승을 거뒀다. 그야말로 주도권 확보의 모범 사례다.

1952년 임진년 4월 왜군은 20여만 대군을 이끌고 조선에 쳐들어왔다. 조선은 건국 후 200여 년의 태평성대를 누리면서 군사 대비 태세에는 소홀했다. 그래서 왜군의 침략에 속수무책으로 당하게 됐다. 왜군은 부산 진포로 상륙하여 부산진성과 동래성을 순식간에 무너뜨리고, 파죽지세로 20일 만에 한양을, 두 달 만에 평양성까지 공격해 들어간다. 조선군은 여기저기서 패하고, 조선의 임금이었던 선조는 한양을 버리고 의주로 피난을 간다. 그러나 바다에서는 육지에서와 다른 양상이 펼쳐졌다. 이순신 장군이 임진왜란 발발 1년 전 전라좌수사에 임명된 후로 착실히 전쟁을 준비한 결과였을까?

육지가 왜군에 의해 초토화되고 있을 때 해상에서는 조선 수군이 왜군과 전투에서 매번 무패 신화를 기록, 연전연승하고 있었다. 이순신 장군은 두 차례 출전해서 왜의 수군과 소규모 해전을 일곱 차례 벌여 모두 승리했고, 왜의 함선 120여 척을 대파한다. 이에 왜군은 크게 당황하기 시작한다. 왜군은 제해권을 빼앗기자 물자보급에 크게 어려움을 겪게 되고, 왜군의 최초 계획인 수륙합동 공격에도 차질을 빚게 된다. 그래서 도요토미 히데요시는 수군 대함대를 구성해 이순신 함대를 격파할 것을 명령한다.

그런데 왜군의 대규모 공격이 있기 전 이순신 장군에게 중요한 첩보가 입수된다. 목동 김천손이 보내온 첩보였는데, 1592년 7월 7일 왜의 대규모 함대가 견내량 북쪽에 정박하고 있다는 것이었다. 실제 왜의 장수 와키자카 야스하루는 73척의 대함대를 끌고 자신만만하게 부산에서 남해안을 따라 견내량 앞바다에 정박하고 있었다.

이 소식을 들은 이순신 장군은 공격받기 전에 먼저 주도권을 쥐고 왜군을 칠 결심을 한다. 그래서 55척으로 구성된 조선 수군 함대는 한산도 앞바다로 나아간다. 그리고 이순신 함대는 소규모의 선봉 선만 견내량으로 보내 왜 수군과 접전을 벌이게 하고 일부러 퇴각한다. 왜 함대의 추격을 유인하기 위해서였다. 한산 앞바다로 왜군을 끌고 오기 위한 계책이었다.

한산 앞바다는 넓은 바다라, 왜의 수군이 불리해져도 육지로 도망가서 지상 전투를 할 수는 없는 최적의 장소였다. 손자가 주도권을 잡기 위해 싸울 장소를 먼저 정하라고 했듯, 이순신 장군도 조선 수군에 유리한 결정적 전투지역을 미리 선정하고 적을 끌어들인 것이다.

조선 함대를 추격해 왜의 수군이 한산도 앞바다에 진입하자 이순신 장군은 함대의 머리를 돌려 다시 왜의 수군과 마주했다. 그리고 한산도 주변의 섬 사이사이 매복해 있던 이순신 장군의 본대도 순식간에 모습을 드러냈다. 이후 학이 큰 날개를 펼치듯 왜군을 반원형으로 에워쌌다. 학익진법이었다.

순식간에 포위된 왜군은 조선 수군의 무서운 화포 공격에 어쩔 줄 몰랐다. 전진하면 포격당하고, 전속력으로 달려오느라 선회도 어려웠으며, 함선들이 밀집되어 있어 함부로 뱃머리를 돌렸다간 충돌되는 상황이었다. 게다가 또 왜군은 견내량의 좁은 수로를 지나느라 종대 대형을 유지하고 있었다. 그 때문에 뒤의 함대는 선두 함선들을 지원해줄 수도 없었다. 왜 수군의 전투력이 분산된 것이다.

왜 수군의 화포 사거리는 짧아서 조선 함선을 공격할 수 없었고, 지휘체계마저 마비되고 혼란해졌을 때 이순신 장군이 준비한 비밀병기, 돌격선인 거북선이 돌진해 들어갔다. 진영 깊숙이 들어와 충돌을 해오는 거북선은 왜 수군에 충격 그 자체였다. 결국 조선 수군의 일방적인 승리로 한산대첩은 끝이 났다. 왜선 73척 중 59척이 격파됐다(나포 12척, 소각 47척, 그리고 도주한 배가 14척이었다.).

한산대첩으로 인해 승승장구하던 왜군의 기세가 꺾이고 왜군의 바다 보급선이 끊겨 임진왜란의 판도가 바뀌었다. 이때부터 왜군은 부산 앞바다 일대에서 방어 위주의 전술을 사용한다.

전투를 분석해보면 이순신 장군은 주도권 확보를 위해 결전 장소와 시간을 미리 선정해 왜 수군을 유인해서 끌려오게 했다. 한산대첩은 이순신 장군이 주도권을 갖고 이긴 멋진 전투였다. 전장에서 주도권을 쥐려고 적을 유인해도 적이 싸움을 회피하면 아무 소용이 없다. 한산대첩에서 만약 왜의 수군이 조선 수군의 유인술에 따르지 않고 왜군의 특기인 육지 가까운 바다에서 수륙 양공 작전을 사용했다면 이순신 장군이라도 쉽게 주도권을 행사하지 못했을 것이고 승리하지 못했을 것이다.

상대의 급소를 쳐서 끌어들여라

손자는 적이 싸움을 회피하지 못하도록 공기소필구攻其所必救를 하라고 말한다. 공기소필구란, 적이 꼭 구출해야 할 곳을 쳐서 반드시 끌려오게 하라는 말이다. 적의 급소를 쳐서 적이 내가 의도하는 결정적 전투 장소로 오지 않을 수 없게 만들어야 내가 주도권을 갖고 적을 격멸할 수 있다.

이러한 공기소필구의 전법을 활용한 구체적인 사례가 있다. 제2차 포에니 전쟁은 해상강국 카르타고와 로마가 지중해의 패권을 놓고 벌인 전쟁이었다. 세계 전쟁사의 두 큰 영웅 카르타고의 한니발 장군과 로마의 스키피오가 이때 격돌했다.

기원전 218년, 카르타고의 영웅 한니발은 불가능해 보이는 알프스산맥을 넘어 로마를 공격한다. 로마는 카르타고가 알프스산맥을 넘어오리라고는 상상도 하지 못하고 있었다. 대비도 허술했고, 예상치도 못한 곳에 적이 갑자기 나타나자 로마는 혼란에 빠졌다. 이후 한니발은 주도권을 갖고 연전연승하면서 로마를 장악해갔다.

이에 로마의 원로원은 중대한 결단을 내린다. 로마의 명장 스키피오에게 주요 병력을 주며 한니발의 본국인 카르타고를 치라고 지시한 것이다. 보통의 경우라면 지금 당장 로마를 쑥대밭으로 만들고 있는 한니발을 막으라고 하는 게 정상일 것이다.

한니발이 아닌 한니발의 본국을 치라고 한 것은 대단한 모험이면서도 전략적 판단이었다. 한니발을 잡기 위해 '공기소필구'에서 말한 꼭 구출해야 하는 곳, 카르타고를 공격하기로 한 것이다. 이에 로마의 스키피오는 카르타고를 공격하러 원정에 나섰고, 성공적으로 카르타고를 위협한다. 카르타고는 상황이 이렇게 되자 결국 한니발에게 로마를 포기하고 철군해서 본국을 지키라고 명령한다.

그동안 로마와 카르타고의 전쟁에서 주도권은 카르타고의 한니발에게 있었다. 그런데 한니발이 로마에서 철수하면서부터는 주도권이 스키피오에게 넘어간다. 한니발은 스키피오에 의해 끌려들어 간 것이나 다름없었다. 스키피오는 자신에게 유리한 지역인 자바를 결정적 전투 장소로 결정하고 한니발을 기다린다. 기원전 202년, 자바전투에서 유리한 장소를 선점한 스키피오가 당연히 전투에서도 대승을 거두게 된다. 이때부터 로마는 지중해의 제해권을 완전히 장악하고 지중해 최강국으로 거듭나게 된다.

작은 곳도 집중하면 성공의 길이 트인다

주도권 장악이 얼마나 중요한지 기업의 사례에서 살펴보자. 미국 최대의 소매 유통 체인인 월마트는 1960년대 샘 월튼이 설립한 후발 기업이었다. 하지만 월마트는 세계 1위의 자리를 차지했고 한발 먼저 규모를 키워나가던 K마트는 2002년 파산했다. 당시 후발 할인점이었던 월마트가 경쟁자를 따돌리고 유통업계의 최고 강자가 될 수 있었던 이유는 무엇일까?

월마트가 성공한 가장 큰 이유는 선발 경쟁 기업이 주도권을 갖고 있지 않은 시장을 찾아내어 주도권을 선점하고 경쟁했기 때문이다. 월마트는 기존 경쟁 기업과는 출점 형태가 달랐다. 당시 선발 경쟁 기업인 K마트는 월마트보다 대기업으로서 시장에서 주도권을 가지고 있었지만, 월마트는 K마트의 주도권이 미치지 않는 시장을 찾아내고 공략에 성공했다. 그리고 그곳에서 주도권을 가지고 사업을 하면서 힘을 키웠다.

1960년대 당시 대형 마트의 출점지는 10만 명 이상의 인구가 있어야만 했다. 그러나 10만 명 이상의 인구가 있는 대도시에서는 K마트를 따라올 기업이 없었다. 그래서 월마트는 업계의 상식을 과감히 깨버린다. 월마트는 1962년 7월 2일 아칸소주 서북부에 있는 인구 5,000명의 작은 도시 로저스에 월마트 1호점을 개설한다. 그리고 1만 명 규모의 도시에 소규모 점포를 내기 시작했다.

상식적인 일만 하던 경쟁 기업들은 월마트가 왜 시장성이 없는 장소에 출점하는지 이해하지 못했지만, 이런 출점 시스템의 변화로 월마트는 10년 이상 이 시장에서 주도권을 가지고 경쟁 우위를 유지할 수 있었다. 월마트는 아무도 주목하지 않던 소도시를 중심으로 네트워크를 만들고 150개의 점포로 100만 명의 인구를 소화하면 주도권을 찾아 승산이 있을 것으로 생각한 것이다.

소매할인이라는 비즈니스모델은 K마트와 똑같았지만, 그의 독창적인 전략 덕분에 경쟁자가 월마트의 영역에 들어오는 것을 포기하게 만들었고, 월마트는 그 마을의 유일한 할인점이라는 것에 만족하지 않고 정기적으로 새로 단장해 나가면서 고객들의 마음을 사로잡았다.

전쟁에서 자신에게 유리한 전투 현장을 먼저 선택하고 싸웠던 이순신과 월마트의 시장 장악 방식은 유사하다. 선발 경쟁 기업이 경쟁력을 가지고 있는 시장에서 같은 기준으로 경쟁하면 이기기 어렵다. 이기더라도 출혈이 크다. 전장에서 자신에게 유리한 전투지역을 찾듯 기업도 유리한 시장을 찾고 그곳에서 주도권을 가지고 사업을 하면 불필요한 경쟁 없이 성공할 수 있다.

끌려다니지 말고 매 순간 주도권을 잡으세요. 상대보다 먼저 찾아 요구하고 먼저 시도하세요.

결정적인 승리의 조건을
먼저 쟁취하라

軍爭

〈군쟁〉 편 개요

'군쟁軍爭'이란 '군대를 사용하여 승리를 얻는다'는 뜻이다. 〈군쟁〉 편은 실제 전장에서 적과 마주하여 전투력 운용을 어떻게 해야 할지를 기술하고 있다.

군사력 운용은 군쟁軍爭과 중쟁衆爭으로 구분된다. 군쟁은 모든 부대를 전투 편성해서 같이 제병협동작전을 수행하는 것을 말하고, 중쟁은 정예 부대만 가서 싸우는 것을 의미한다.

군쟁은 제병협동작전이 가능하여 전투를 효과적으로 할 수 있다는 장점이 있지만, 여러 부대가 기동하여야 하므로 속도 면에서 느리다는 단점이 있다. 중쟁은 정예 부대만으로 가서 전투를 수행하므로 속도는 빠르나, 화력이나 보급 지원이 어려워 위험에 빠질 확률이 높다.

군사력 운용 시에는 적의 대비된 곳을 피하고 적이 대비하지 않은 허한 쪽으로 돌아가는 우직지계迂直之計를 실천해야 한다. 우직지계는 영국의 대 전략가가 이론화한 간접 접근 전략과 유사한 개념이다.

그리고 위기를 기회로 바꾸는 전략인 이환위리以患爲利의 용병술을 발휘해야 한다.

또 부대의 사기와 지휘관의 마음이 중요하므로 적 지휘관의 마음을 흔들고, 적의 사기를 저하시켜야 한다. 부대의 사기는 장병의 육체적 피로에 많이 좌우된다. 적 지휘관의 마음을 동요시키면 적 지휘관이 정상적인 판단이 어려워져 실수할 수 있으므로 아군에 유리하게 된다. 〈군쟁〉 편은 또 작전형태에 따른 심리를 반영하여 어떻게 할지를 잘 설명하고 있다.

● 우직지계의 이치를 적용한다

孫子曰, 凡 用兵之法에 將이 受命於君하여 合軍聚衆하고
손 자 왈 범 용병지법   장 수명어군   합군취중

交和而舍에
교 화 이 사

莫難於軍爭이니 軍爭之難者는 以迂爲直하고 以患爲利라.
막 난 어 군 쟁   군쟁지난자   이 우 위 직   이 환 위 리

손자가 말하였다. 용병의 법에 장수가 임금에게서 명령을 받아 부대와 병력을 모으며, 적과 대치하여 숙영함에 군쟁(전투 수행)보다 더 어려운 것은 없다. (용법의 법은 장수가 군주로부터 출동 명령을 받으면 병사를 소집하여 군대를 만들고 막사를 설치하여 서로 화합하게 해야 한다. 이런 후에 군대를 기동시켜야 하는데 이보다 어려운 것이 없다.)

군쟁의 어려움은 빙 도는 먼 길을 곧은 길같이 만들고(빨리 도달), 근심 거리를 이로운 것(복, 유리한 점)으로 만드는 것이다. (적이 대비한 곳을 피하고 적이 대비하지 않는 허한 곳을 파악하여 돌아가고, 위기를 기회로 만드는 것은 참으로 어려운 것이다.)

● 우직지계의 이치를 모르면 위험하다

故로 迂其途而誘之以利하여 後人發 先人至니 此는
고 우 기 도 이 유 지 이 리   후 인 발 선 인 지 차

知迂直之計者也라
지 우 직 지 계 자 야

故로 軍爭爲利요 衆爭爲危니 擧軍而爭利則不及하고
고   군 쟁 위 리 중 쟁 위 위   거 군 이 쟁 리 즉 불 급

委軍而爭利則輜重이 捐이라.
위 군 이 쟁 리 즉 치 중   연

그 길을 빙 돌아가면서 적에게 이로운 듯이 유도하여, 남보다 늦게 출발하고도 남보다 일찍 도착하게 되는 것이니, 이는 우직지계를 아는 자이다.

군쟁(전 부대를 이끌고 싸우는 것)은 이롭고 중쟁(정예군 위주로 싸우는 것)은 위태롭다. 전군을 이끌고 싸우면 신속성이 미치지 못하고, 정예 부대로만 싸우면 치중(군수품) 부대의 손실을 보게 된다.

(전 부대, 즉 전투 부대와 전투 지원 및 전투근무 지원부대를 편성하여 같이 전투를 하면 제병협동작전이 되어 전투력 발휘가 쉽고, 전투 부대 위주로만 가서 전투하면 화력 지원이나 보급 지원이 어려워져 위태로워진다. 하지만 전 부대는 다양한 부대와 함께 기동해야 하므로 신속성이 떨어지고, 중쟁 즉 정예 부대만 가서 싸우면 상대적으로 후방에 있는 보급 부대에 전투 부대의 지원이 어려워지고 경계가 취약해져서 보급 부대가 피해를 보게 된다.)

是故로 捲甲而移하여 日夜不處하고 倍道兼行하여 百里而爭利면
시 고   권 갑 이 이   日 夜 不 處   배 도 겸 행   백 리 이 쟁 리
則擒三將軍이요 勁者先 疲者後니 其法에 十一而至하고
즉 금 삼 장 군   경 자 선 피 자 후   기 법   십 일 이 지

이런 까닭에 갑옷을 풀 정도로 빨리 이동하여 밤낮을 쉬지 않고 두 배의 거리를 강행군하여 100리를 나가 싸움을 하면 장수 대부분이 사로잡힐 것이요, 굳센 장병만 먼저 가고 피로한 장병은 뒤에 처질 것이니 전 병력의 10분의 1 정도만 도달할 수 있을 것이다.

五十里而爭利면 則蹶上將軍이요 其法에 半至하고
오 십 리 이 쟁 리   즉 궐 상 장 군   기 법   반 지
三十里而爭利면 則三分之二至니
삼 십 리 이 쟁 리   즉 삼 분 지 이 지

是故로 軍無輜重則亡하고 無糧食則亡하고 無委積則亡이라.
시 고　군 무 치 중 즉 망　　무 양 식 즉 망　　무 위 적 즉 망

그렇게 50리를 나가 싸우면 상장군을 잃기 쉬우며, 병력의 반 정도만 도달할 것이고, 30리를 나가 싸우면 전 병력의 3분의 2가 도달할 것이다.

이로 인해서 군대에 보급 부대가 없으면 망하고, 양식이 없어지면 망하고, 보급 물자 축적이 없으면 망한다.

● 용병은 상황에 따라 변화를 꾀하는 것이다

故로 不知諸侯之謀者는 不能豫交하고
고　부 지 제 후 지 모 자　불 능 예 교

不知山林險阻沮澤之形者는 不能行軍하고 不用鄕導者는
부 지 산 림 험 조 저 택 지 형 자　불 능 행 군　　불 용 향 도 자

不能得地利라
불 능 득 지 리

故로 兵은 以詐立하고 以利動하고 以分合爲變者也라.
고　병 은　이 사 립　　이 리 동　　이 분 합 위 변 자 야

그리고 인접국의 기도를 모르면 미리 외교관계를 잘 맺을 수 없고,

산림이나 험한 곳, 소택지 등의 지형을 모르면 행군을 잘할 수 없고, 지역 안내자를 활용하지 않으면 지형의 이로움을 잘 얻을 수 없다.

그러므로 군사행동은 속임수로써 여건을 조성하고 이로우면 움직이고 분산·집중으로 변화를 만드는 것이다.

● 가장 대표적인 우직지계의 용병술

故로 其疾如風하고 其徐如林하고 侵掠如火하고 不動如山하고
고　기 질 여 풍　　기 서 여 림　　침 략 여 화　　부 동 여 산

難知如陰하고 動如雷震하여 掠鄕分衆하고 廓地分利라
난 지 여 음　　동 여 뢰 진　　　락 향 분 중　　　곽 지 분 리

懸權而動하여 先知迂直之計者는 勝하나니 此는 軍爭之法也니라.
현 권 이 동　　선 지 우 직 지 계 자　　승　　차　군 쟁 지 법 야

그러므로 그 빠름은 바람과 같이 하고, 그 느림은 숲과 같이 하고, 침략
은 불과 같이 맹렬히 하고, 움직이지 않을 때는 산과 같이 장중히 하고,

알기 어려움은 어둠과 같이 하고, 움직임은 번개와 같이 하고, 토산물을
약취하면 나누어주고, 땅을 얻으면 이익을 나누어주고,

상황을 평가한 후에 움직이되 먼저 우직지계를 알고 쓰는 자가 승리하
는 것이니 이것이 군쟁의 법칙이다.

● 신호수단을 활용한다

軍政에 曰 言不相聞故로 爲之金鼓하고 視不相見故로 爲之旌旗니라.
군 정　왈 언 불 상 문 고　　위 지 금 고　　시 불 상 견 고　　위 지 정 기

夫 金鼓旌旗者는 所以一人之耳目也라
부 금 고 정 기 자　　소 이 일 인 지 이 목 야

人旣專一이면 則勇者 不得獨進하고 怯者 不得獨退하나니
인 기 전 일　　즉 용 자 부 득 독 진　　　겁 자 부 득 독 퇴

此는 用衆之法也라.
차　용 중 지 법 야

《군정》(병서兵書의 제목)에서 말하기를, 말소리가 서로 들리지 않기 때문
에 징과 북을 사용하고, 신호가 서로 보이지 않으므로 깃발을 사용한다고
한다.

대체로 징, 북, 깃발 등은 사람들의 이목을 하나로 모으기 때문이다.

사람들이 하나로 뭉쳐지면 용감한 자도 혼자만 나아갈 수는 없고, 비겁
한 자도 혼자 물러설 수는 없으니, 이것이 병력 운용법이다.

故로 夜戰에 多火鼓하고 晝戰에 多旌旗는 所以變人之耳目也라
고　야전　다화고　　주전　다정기　소이변인지이목야

故로 三軍을 可奪氣며 將軍을 可奪心이니
고　삼군　가탈기　장군　가탈심

그러나 야간 전투에 불과 북소리를 많이 쓰고, 주간 전투에 깃발을 많이 쓰는 것은 적군의 귀와 눈을 현혹하기 위함이다.

그리고 적 부대의 가히 사기(기세)를 빼앗아야 하며, 적 장수의 가히 마음(자신감, 불안감)을 빼앗아야 한다.

(징, 북, 깃발, 불 등은 아군을 지휘 통제하는 수단으로 주로 사용한다. 하지만 적을 기만하고 교란하는 수단으로도 사용할 수 있다. 적의 귀와 눈을 현혹한다는 말은 그리한 의미이다. 그리고 적 부대의 사기를 뺏고 적 장수의 마음을 동요하게 하는 것이 중요하다.)

● 적의 기세와 마음과 힘을 빼앗는다

是故로 朝氣는 銳하고 晝氣는 惰하며 暮氣는 歸라
시고　조기　예　　주기　타　모기　귀

故로 善用兵者 避其銳氣하고 擊其惰歸는 此 治氣者也요
고　선용병자　피기예기　　격기타귀　차　치기자야

以治待亂하고 以静待譁는 此 治心者也니라.
이치대란　　이정대화　차　치심자야

아침의 기세는 왕성하고(예리하고), 대낮의 기세는 해이해지며, 저녁의 기세는 돌아가려 하는 것이다.

따라서 용병을 잘하는 자는 적의 왕성한 기세는 피하고, 해이하고 돌아가려 하는 기세를 치려는 바, 이는 적의 사기를 다스리는 것이다.

정돈된 상태로 혼란한 적을 맞이하고 정숙한 상태로 소란한 적을 맞이하는 것은, 즉 적장의 마음을 다스리는 것이다.

以近待遠하고 以佚待勞하고 以飽待飢는 此 治力者也요
이 근 대 원　　이 일 대 로　　이 포 대 기　차 치 력 자 야

無邀正正之旗하고 勿擊堂堂之陣은 此 治變者也라.
무 요 정 정 지 기　　물 격 당 당 지 진 차　차 치 변 자 야

가까움으로써 먼 것을 맞이하고, 편안함으로써 피로함을 맞이하고, 배
부름으로써 굶주림을 맞이하는 것은, 이는 적의 힘을 다스리는 것이다.

깃발이 정연한 적을 맞아 치지 않고, 진영이 당당한 적을 공격하지 않
는 것은, 이는 변화의 가능성(유리, 불리)을 다스리는 것이다.

● 궁지에 처한 적은 핍박하지 않는다

故로 用兵之法에 高陵勿向하며 背丘勿逆하며 佯北勿從하며
고　용 병 지 법　고 릉 물 향　　배 구 물 역　　양 배 물 종

銳卒勿攻하며 餌兵勿食하며 歸師勿遏하며 圍師必闕하며
예 졸 물 공　　이 병 물 식　　귀 사 물 알　　위 사 필 궐

窮寇勿迫이니 此 用兵之法也니라.
궁 구 물 박　　차 차 용 병 지 법 야

그러므로 용병의 법에 높은 구릉의 적진을 향하지 말며, 언덕을 등진
적을 상향 공격하지 말며, 거짓 패주하는 적을 추격하지 말며, 정예 병력
을 공격하지 말며, 미끼 병력을 잡으려 하지 말며, 고향으로 귀환하는 적
부대를 막지 말며, 포위 시에는 반드시 틈을 내주며, 궁지에 처한 적은 핍
박하지 말라고 하니, 이는 용병의 법이니라.

우회해 가는 것이 빠르다

우직지계와 간접 접근 전략

매의 사냥 방법에서 우리는 특기할 만한 사실을 발견할 수 있다. 매는 먹잇감을 사냥할 때 하늘 위에서 먹잇감을 향해 직선으로 공격하지 않고 먼저 수직으로 급강하한다. 지구의 중력에너지를 축적한 후 수평으로 공격하기 위해서다. 우회적 곡선 공격이 직선 공격보다 더 빨리 사냥에 성공할 수 있기 때문이다. 돌아가는 것인데도 역설적으로 목표 지점에 더 빨리 도달한다.

공을 굴릴 때도 직선보다 굴곡진 나선형에서 더 빨리 굴러간다. 에너지 축적의 시간을 거치면서 더 많은 에너지를 발산하기 때문인데 '우회 축적의 원리'라고 한다(사이클로이드 곡선).

손자는 이런 물리적인 원리를 알고 있었던 것 같다. 돌아가는 게 더

빠르다는 것, 특히 군사력을 운용할 때도 돌아가는 것이 빠르다는 것을 알고 있었다.

손자는 《손자병법》에서 '이우위직以迂爲直 이환위리以患爲利'라고 했다. 다시 말해 군사를 운용할 때도 직접적으로 접근하지 않고 간접적으로 우회해서 돌아가라는 말이다. 적이 대비된 강한 정면을 피하고 적이 예상하지 않고 대비하지 않은 곳으로 돌아가면 위기를 기회로 바꿀 수 있다는 얘기다. 손자는 이러한 이우위직을 '우직지계迂直之計'라고도 표현했다.

우리는 이런 우직지계를 이미 생활 속에서 실천하고 있다. 운전할 때 그렇다. 시내 운전을 할 때 정체가 발생하면 마냥 기다리지 않고 교통상황이 원활한 쪽으로 돌아간다. 최근엔 내비게이션이 돌아가는 길을 가르쳐준다. 이렇게 돌아가면 목적지에 더 일찍 도착하므로 시간과 유류가 절약되고 스트레스도 덜 받는다.

그러나 우리는 우회하기보다 바로 가려는 경향이 있다. 직접 접근하려 한다. 목표의 직접성이 주는 유혹은 피하기 어렵다. 지극히 자연스러운 현상이다. 손자도 우직지계가 몹시 어렵다고 했다. 돌아가는 데에는 큰 인내가 필요하기 때문이다.

그러나 전투에서도 직접 접근한다면 실패하기 쉽다. 적의 입장에서 예측 가능한 정면은 늘 대비되어 있다. 그래서 충돌하면 서로 큰 피해를 보게 된다. 허실의 관점에서 보면 적의 실한 쪽, 즉 대비된 곳을 공격하는 것과 마찬가지라 볼 수 있다. 병력 운용은 적이 대비해둔 정면을 피하고 방심하는 측후방을 노리는 것이 좋다.

사마천의 《사기史記》에 나오는 위위구조圍魏救趙의 사례는 우직지계를 잘 구사한 사례로 볼 수 있다. 위위구조란 조나라를 친 위나라를 공격하여 조나라를 구한다는 의미다. 기원전 353년 손빈이 위나라 군사를 격파한 계릉전투가 배경이다. 당시 위나라 장수 방연은 대군을 이끌고 조나라를 공격해 조나라 도성 한단을 물샐틈없이 포위했다. 조나라가 구원을 요청하자 제나라는 전기田忌를 대장, 손빈을 군사로 삼아 조나라를 구하게 했다. 손빈은 위나라의 도성 대량을 먼저 공격하면 위나라 군사가 이를 구하기 위해 회군하리라 판단했다. 전기가 손빈의 계책을 받아들여 대량으로 달려가자 방연은 하는 수 없이 한단을 포기하고 황급히 대량으로 회군했다. 회군 도중 제나라군의 매복을 만나 거의 전멸하다시피 했다. 여기서 위위구조 성어가 나왔다.

전쟁에서 직접 접근식 전투는 승패를 떠나 피해가 막심하다. 과거 전쟁에서는 성을 직접 공격할 때 피해가 컸고, 비교적 최근 일어났던 제1차 세계대전은 대부분 적의 참호선에 무모하게 직접 공격해 들어가는 전투 행동을 반복하여 수천만 명의 인명피해를 내며 참혹한 양상이 되었다. 승자도 패자도 엄청난 피해를 본 대재앙이었다. 이러한 직접 접근의 문제점을 보완하기 위해 독일에서는 전격전을 개발하기도 했다.

현대전에서의 우직기계

손자의 우직지계를 현대적 전략으로 체계화한 사람이 영국의 리델하트Basil Henry Liddell Hart다. 리델하트는 《손자병법》의 우직지계에서 영감을 받아 간접 접근 전략을 정리했다.

리델하트는 전쟁을 분석해《전략론》을 썼는데, 고대 페르시아 전쟁에서부터 1948년의 제1차 중동전까지 30개 전장 280개 전투를 분석했다. 280개 전투를 분석한 결과 6개 전투에서만 직접 접근에 의한 승리를 얻었다는 사실을 알아냈다. 나머지 274개 전투는 모두 간접 접근으로 승리했음을 입증해냈다. 즉, 승리한 전쟁의 90퍼센트 이상이 간접 접근을 통해 승리했음을 발견해낸 것이다.

리델하트는 직접 접근보다 간접 접근이 훨씬 승률을 높인다고 보았다. 적의 강하고 대비된 지역을 정면으로 직접 공격하면 적의 반발로 인해 큰 피해를 볼 수 있는 반면, 취약한 지역이나 대비하지 않은 지역으로 돌아가 공격하면 적의 저항이 약하므로 좀 더 유리한 상황에서 싸울 수 있다. 그래서 공격할 때는 적의 대응 준비가 가장 미진한 최소 저항선, 적이 예상하지 않은 최소 예상선을 선택해 돌아가야 한다. 이렇게 함으로써 적에는 심리적 물리적 충격을 주어 합리적인 판단을 하지 못하게 하는 효과를 거둘 수 있다.

간접 접근 전략의 궁극적인 목적은 최소의 피해, 최소한의 전투로 승리를 달성하는 것이다. 이를 위해서는 우선 각종 견제를 통해 적 부대를 유인하거나 고착시켜야 한다. 그리고 적의 저항이 가장 적은 지역, 가장 예상하지 않는 지역으로 아군의 부대를 기동해야 한다. 이렇게 하면 적의 심리를 타격해 적 지휘관이 딜레마에 빠지게 된다.

간접 접근 전략의 전사

21세기에 발발한 전쟁 가운데 우직지계가 잘 적용된 사례로는 3차 중동전쟁 때 이스라엘 공군이 이집트 지중해로 돌아 진격한 것이나

6·25전쟁 때의 인천상륙작전, 걸프전 등이 있다.

최근 일어난 걸프전은 이라크가 쿠웨이트를 점령하자 이를 격퇴하기 위해 미국을 필두로 한 다국적군이 이라크를 상대로 벌인 전쟁이다. 1991년 1월 17일부터 2월 28일까지 40여 일 진행되었다.

이라크 주변 지형을 살펴보면, 우선 쿠웨이트가 있고 쿠웨이트 북서쪽에 이라크가 있다. 그리고 쿠웨이트와 이라크를 접해 남쪽과 남서쪽에 사우디아라비아가 있다. 다국적군은 최초에 쿠웨이트 쪽으로 직접 기동하려는 계획을 생각해낸다. 이라크도 다국적군이 그렇게 오리라고 예상하고 쿠웨이트 일대, 쿠웨이트와 타국과의 접경지역에 집중적인 방어 태세를 갖춰놓는다. 이때 노먼 스와츠코프 장군이 직접 접근 대신에 우회 기동을 생각해낸다. 쿠웨이트를 통해서가 아니라 이라크가 대비하지 않은 서측방, 즉 이라크의 사막 지역으로 치고 들어간다는 계획이다. 이라크는 다국적군의 대부대가 사막으로 오리라고는 상상조차 하지 못했다.

다국적군은 쿠웨이트 쪽은 고착 견제하는 동시에 18공정군단과 7군단은 서쪽에서부터 부채꼴 형태로 시계방향으로 대 우회 공격을 감행해 대승을 거둔다.

바이럴 마케팅

상품을 판매할 때나 사업을 성사시킬 때도 간접 접근을 해야 효과를 거두기 쉽다. SNS가 발달하면서 마케팅 환경도 간접적인 방식으로 변화하고 있다. 바이럴 마케팅이 그런 예다. 회사에서 상품을 사라고 직접 어필하기보다 사용자들이 자발적으로 제품을 홍보하도록 유도하는 마케팅이다. 이메일이나 SNS 등 전파 가능한 매체를 통해 '컴퓨터 바이러스virus처럼 퍼진다'고 해서 이런 이름이 붙었다. 블로그나 온라인 카페, SNS에서 소비자들이 자연스럽게 정보를 나누는 과정을 통해 간접적으로 기업의 신뢰도와 인지도를 상승시키고 구매 욕구를 자극한다. 일부 바이럴 마케팅 광고는 제품 정보를 알려준 사람에게 보상을 주는 인센티브 접근법을 쓰기도 한다.

아울러 기업들은 직접광고 대신 간접광고를 활용하기도 한다. 비용 대비 효과가 좋기 때문이다. 영화, TV 드라마, 뮤직비디오, 게임 소프트웨어 등 엔터테인먼트 콘텐츠 속에 기업의 제품을 소품이나 배경으로 등장시켜 소비자들에게 의식, 무의식적으로 제품을 광고하는 방식이다. 직접적이고 노골적으로 고객에게 어필하는 것보다 거부감 없이 자연스럽게 고객의 마음에 파고들어 광고 효과가 높을 수 있다.

돌아가면 느린 듯하지만 오히려 힘을 축적할 수 있습니다. 성공의 문앞에 도착해 힘껏 문을 열 수 있습니다. 인내심을 조금만 더 발휘하세요.

심리와 사기를
통제하라

주식투자를 해본 적이 있는가? 오래 갖고 있으면 오를 걸 알면서도 조그만 악재가 나타났다고 불안해서 팔거나, 또 반대로 어떤 호재가 나타나면 기대심리가 작동해 호재 이상의 평가를 하기도 한다. 이익이나 손실 앞에서 심리의 폭이 커지기 때문이다.

돈을 잃고 버는 것 앞에도 이런데 하물며 사람이 죽느냐 사느냐 하는 절체절명의 위기상황인 전쟁에서는 어떨까? 심리상태의 변화 폭이 무섭게 증폭된다. 공포와 불안, 두려움과 불확실성 등으로 사람의 심리가 상상할 수 없을 만큼 요동치는 것이다.

손자는 심리를 알아야 전쟁에서 쉽게 이길 수 있다고 말한다. 전쟁을 할 때 적 부대의 사기를 빼앗고 적 장수의 마음을 흔들어야 한다고 강조했다. 이를 '가탈기可奪氣 가탈심可奪心'이라고 표현했다.

개인의 사기와 집단의 사기

사기는 개인의 사기와 집단의 사기로 구분된다. 개인의 사기는 의욕이 자신감 따위로 충만하여 굽힐 줄 모르는 기세로 정의된다. 제2의 체력에 비유될 수 있다. 부대나 집단에서의 사기는 조직의 목표 달성에 이바지하겠다는 직무수행 의욕과 조직의 분위기를 의미한다.

손자는 이러한 사기가 전투 승패의 큰 요인이라고 강조했다. 그래서 적을 칠 때는 적의 성이나 부대를 치면서 적의 사기를 저하시켜야 쉽게 이긴다고 했다. 역으로 아군의 사기는 왕성히 유지하여야 한다. 특히, 수세에 몰려 방어할 때는 적의 심리전이나 기습 공격에 사기가 갑자기 떨어져 쉽게 무너질 수도 있으므로 부대 사기를 유지하는 것이 아주 중요하다고 했다.

우리 군에서도 사기를 아주 중요하게 생각하고 있다. 군인의 지위 및 복무에 관한 기본법 시행령의 제2조 기본정신의 2항에 바로 이 '사기'가 포함되어 있다.

'군대의 강약은 사기에 좌우된다. 그래서 군인은 굳센 정신력과 튼튼한 체력을 길러 죽음에 임하여서도 맡은 바 임무를 완수하겠다는 왕성한 사기를 간직하여야 한다.'

현리 전투 vs. 장진호 전투

지휘관의 마음이 흔들리고 부대 장병들의 사기가 갑자기 떨어져 충분한 병력이 있었음에도 어이없이 패배한 현대의 전투 사례가 있다. 6·25전쟁 최악의 전투, 현리 전투다. 우리가 기억하고 교훈을 얻어야 할 전투다.

1951년 5월 16일부터 5월 20일까지 강원도 인제군 기린면 현리 일대에서 우리 국군 제3군단과 중공군 제9병단 사이에 전투가 벌어진다. 당시 3군단은 3사단과 9사단 2개 사단으로 인제 일대를 방어하고 있었다. 이 지역의 문제점은 남쪽으로 나오는 길이 오마치고개 하나밖에 없다는 것이었다.

중공군은 5월 공세로 동부전선 전 지역을 공격해왔다. 이때 3군단 서측에 있던 7사단이 먼저 무너지게 된다. 그래서 3군단의 서쪽 측방이 적에 노출된다. 이것은 3군단에 굉장히 위협적인 일이었다.

설상가상으로 3군단의 하나밖에 없는 퇴로인 오마치고개를 새벽에 중공군이 선점한다. 처음에는 중공군 중대가 먼저 점령하고 이어서 대대로 증강됐다. 국군 3군단이 후퇴할 수 있는 퇴로가 막히게 된 것이다.

이 소식이 3군단 장병들 사이에 전파되면서 불안과 동요가 퍼졌다. 3군단은 대책을 위한 작전회의를 해서 오마치고개 탈환 작전을 계획한다. 그러나 작전은 실패로 돌아갔다. 탈환 작전이 개시될 17시 30분경 오마치고개를 포함해 서쪽 후방지역에까지 중공군 2개 사단 규모의 병력이 들어와 있었기 때문이다. 중공군이 7사단이 무너진 지역을 통해서 들어온 것이다.

국군 3군단은 중공군에 의한 전방, 측방, 후방의 위협에 압도돼 공황에 빠졌다. 군단은 완전히 포위되었다고 판단하고 후퇴 명령을 내린다. 각자 후퇴해서 현리 남쪽 40~50킬로미터 지점 하진부리까지 집결하라는 명령이었다. 후퇴할 때도 지휘체계를 유지해야 했는데 소부대 단위나 개별적으로 흩어져 후퇴하라는 명령이었다. 그리고 화포나 전차, 중장비, 포탄 등 사람이 휴대하기 어려운 무기와 장비는 다 파괴해버린다. 그렇게 2개 사단의 전투 장비 물자가 소실되었다. 2개 사단의 전투력이 중공군과의 전투에 의해서가 아니라 스스로 무너져버린 것이다.

병사들이 후퇴하기 위해서는 험준한 1,400미터의 방태산 줄기를 넘어야 했다. 방태산은 굉장히 험해 대다수가 방태산을 넘으며 탈수 증세로 쓰러졌다. 또 소부대 단위 또는 개별적으로 이동하다 보니 야간에 부스럭거리는 소리가 들리면 아군끼리 교전을 벌여 희생되기도 하였다. 길을 잃고 중공군 진영으로 들어가 사살되거나 포로가 되기도 했다. 결국 하진부리까지 살아서 온 병력은 3군단 병력의 절반도 못 되는 약 40퍼센트에 불과했다. 이후 이 작전의 실패로 3군단 사령부가 해체되는 비운을 맞이하게 된다.

이러한 현리 전투와 상황은 비슷하지만 결과는 달랐던 전투도 있다. 장진호 전투가 그것이다. 이 전투는 1950년 11월 27일부터 12월 11일까지 벌어졌다. 1950년 11월 말 중공군 9병단에 속한 3개 군단 대규모 병력이 함경도 장진 일대에서 미1해병사단을 포함한 유엔군을 포위했다. 여기까지는 현리 전투와 포위됐다는 점에서 흡사하다. 하지만 지휘관의 마음 유지가 달랐다. 이때 알몬드 미 군단장은 철수 명령을 내린다. 그리고 미1해병사단장이 포위된 지역에 있는 미1해병사단뿐 아니라 다른 유엔군도 지휘하도록 한다. 지휘체계를 일원화하여 여러 부대를 일사불란하게 지휘하게 만든 것이다. 그리고 항공기를 이용해 중공군에 계속 폭격을 가하고 공중으로 보급 물자를 계속 지원한다. 포위된 미1해병사단장은 마음의 동요 없이 각 예하 부대의 지휘체계를 유지하면서 새로운 개념을 제시한다.

"사단은 철수를 하는 것이 아니다. 후방의 적을 격멸하고 함흥까지 진출하는 새로운 방향으로의 공격을 실시하는 것이다."

원래 포위돼서 후퇴할 때는 사기가 꺾여 부대가 쉽게 무너지는 경우가 많다. 이를 잘 알았던 미1해병사단장은 장병들의 사기를 고취하기 위해 후퇴의 개념을 공격의 개념으로 바꾼 것이다. 그래서 공격에 대한 전투 의지를 잃지 않을 수 있었다. 그리고 미1해병사단은 살인적인 혹한과 사투를 거듭하면서 천신만고 끝에 기적적으로 흥남까지 철수했다.

부대의 사기와 지휘관의 심리

그럼 부대의 사기는 어떻게 떨어지고 지휘관의 마음은 어떻게 흔들릴까? 손자는 사기는 정신적인 것과 육체적인 것 모두 관련이 있지만 특히 장병들의 사기는 육체적인 것과 더욱 연관돼 있다고 했다. 오랜 시간 행군을 해서 고단하거나 굶는 등 육체적으로 힘들면 사기가 떨어지는 경향이 있다. 병사들의 육체적인 피로 관리가 중요한 이유다.

손자는 적 지휘관의 심리는 그가 보는 것에 크게 좌우된다고 했다. 그래서 아군 진영의 깃발이 아주 정정하고 정돈이 잘 돼 있는 모습, 군기가 엄정한 모습을 본다면 적 지휘관은 쉽사리 공격할 엄두를 내지 못한다고 했다.

심리를 활용한 작전

손자는 실제로 전투를 할 때도 전투 유형별로 심리를 이해하고 이를 활용한 작전을 해야 한다고 강조했다. 그러면서 다양한 작전별 심리유형과 대처 방법을 제시한다. 몇 가지만 예를 들어보자.

먼저 철수하는 적 부대는 막지 말아야 한다. 손자는 '귀사물알歸師勿遏'이라고 했다. 전쟁을 마치고 귀환하는 부대의 퇴로를 바로 차단해서는 안 된다. 왜냐하면 장병들의 귀향에 대한 갈망은 매우 큰데, 그러한 귀향을 방해하면 증오를 키워 적 장병들의 단결과 반발을 초래할 수 있기 때문이다. 그때 싸우면 피해가 커질 수 있다. 집으로 돌아가고 싶은 마음을 역으로 이용해 적들의 철수를 촉구해 조금 더 먼 퇴로에 매복해서 친다면 쉽게 이길 수 있다.

또 손자는 적을 포위할 때는 반드시 틈을 내줘야 한다고 했다. 궁지에 몰린 적은 핍박하지 않아야 한다. 이를 '위사필궐圍師必闕 궁구물박窮寇勿迫'이라 했다. 만약 적을 완전포위만 하고 있다면 적은 결사 항쟁의 의지가 살아나게 된다. 하지만 적을 완전히 포위한 후 탈출로를 남겨두면 적 내부에서 전투 의지가 약해져 실제 도주하는 병사들도 생기고 스스로 사기가 떨어지게 된다. 그리고 탈출한 인원들이 이제 살았다고 방심했을 때 함정과 매복을 준비해 타격하면 적을 격멸시킬 수 있다.

이러한 전술은 2003년 이라크전에서도 활용됐다. 미국을 중심으로 한 다국적군이 약 3주 만에 이라크의 수도 바그다드까지 도달해 에워쌌을 때의 일이다. 이때 다국적군은 일부러 포위망을 일부 터주었다. 많은 민간인이 피난을 갈 수 있었고 동시에 탈출한 사람들을 위한 숙영지를 만들어 민간인과 군인을 구별하고 색출해내는 작업을 벌였다. 이러한 조치는 이라크군의 결사 항쟁 의지를 꺾는 데 일조했다. 많은 이라크 군인들도 탈출을 결심했다.

이러한 조치 뒤에 다국적군은 바그다드 점령 작전을 펼쳤다. 실제 이라크군의 지휘체제는 마비되어 있었고 저항도 적었다. 국제 여론도 민간인들의 피난길을 내어준 다국적군에게 우호적이었다.

구성원이 행복한 기업

기업을 운영할 때도 리더의 마음과 구성원들의 사기가 중요하다. 먼저 CEO나 리더는 어떤 위기상황에서도 냉정하게 마음의 평정을 유지하는 것이 중요하다. 중요한 판단을 내려야 할 경우가 많기 때문이다.

사람들은 손실을 회피하려는 심리가 있어서 긍정적인 일보다 부정적인 일들에 더 민감하게 반응한다. 그래서 즐거움보다 고통을 두 배 더 크게 느낀다고 한다. 예를 들어 10달러 얻은 기쁨보다 10달러 잃은 고통이 두 배 크다는 것이다. 10달러 잃은 고통을 상쇄하려면 20달러는 얻어야 한다고 한다.

이는 주식, 부동산 등 투자라고 이름 붙여지는 모든 영역에 적용되는 공통적인 심리이기도 하다. 새로운 시도를 하는 과정에서 인간이 느끼는 극심한 두려움은 이러한 손실을 회피하려는 편향 심리에서 비롯된다고 볼 수 있다. 이러한 편향 심리로 인해 리더는 기회가 왔을 때 과감히 투자하지 못하게 되고, 위기가 왔을 때 이를 과장되게 판단하는 경향이 있어서 객관적인 판단을 하지 못하는 경우가 많다.

또 직원들의 사기를 높이는 것이 중요하다. 사기는 어떤 성과를 내기 위한 기업의 적극적인 분위기다. 직원 개개인이 행복해야 이런 분위기가 조성될 수 있다. 구성원이 행복하면 근무 의욕이 높아지고 곧 기업의 성과로 이어지게 된다. 이러한 선순환 구조의 기업문화를 만들어나가야 한다.

파나소닉 창립자, 마쓰시타 고노스케

파나소닉을 창립한 마쓰시타 고노스케는 일본에서 경영의 신으로 존경받고 있는 인물이다. "나는 평범한 사람이다. 단지 회사의 직원들이 나보다 훌륭하다고 믿을 뿐이었다"는 말을 남긴 그는 제1, 2차 세계대전과 세계 대공황을 거치면서도 파나소닉의 전신 마쓰시타전기를 세계적인 기업으로 성장시킨 인물이다. 그가 회사를 키우고 성장시킬 수 있었던 비결은 바로 직원들의 사기를 높이는 인간 존중 정신이었다.

1929년 10월 29일 세계에 대공황이 불어닥쳤다. 일본에도 불황의 그늘이 드리워졌다. 도산하는 기업이 줄을 이었고, 마쓰시타전기도 직격탄을 맞았다. 1929년 연말에는 매출이 절반으로 줄었고 임원들은 고노스케에게 직원들을 반으로 줄일 수밖에 없다고 하소연했다. 하지만 고심 끝에 그가 내린 결정은 놀랍게도 종업원을 한 명도 해고하지 않고 급여도 깎지 않겠다는 방침이었다. 대신 직원들에게 창고에 있는 재고를 최선을 다해 팔아 달라고 요청했다.

그의 어려운 결정에 감동한 직원들은 놀라운 사기로 휴일도 없이 재고를 판매했고, 두 달 만에 기적적으로 재고 전량을 판매하기에 이른다.

이에 공장도 다시 가동됐다. 그리고 불황기에도 불구하고 마쓰시타전기의 직원은 477명에서 886명으로 오히려 증원되고 라디오 사업에도 뛰어드는 등 시장을 선점해나갔다. 힘들 때라고 사람을 버리지 않고, 다같이 힘을 모아 위기를 헤쳐나갈 수 있다는 것을 보여준 것이다.

신바람이 나면 없던 힘이 생기고 사기도 솟아납니다. 당신의 주변에 신바람을 일으키세요. 함께 가는 길이 행복해집니다.

제8편 구변

상황 변화에 따라 변신하라

〈구변〉편 개요

'구변九變'에서 구九는 수의 개념이라기보다는 '무궁하고 무한하다'는 뜻으로 구변이란 '상황에 따른 무궁무진한 용병의 변화'를 말한다.

모든 사물에는 이로운 면과 해로운 면이 공존하는데 이러한 양면성을 잘 이해하고 상황에 맞게 활용해야 함을 강조하고 있다. 해로움을 부각해 적의 굴복을 강요하고, 이로운 요소를 활용해 상대방을 설득시킨다. 우리 측에는 이롭게, 적에는 해롭게 적용한다. 그리고 불변의 절대적 원칙과 가변의 상대적 원칙을 구분하여야 한다. 그래서 상황에 맞게 적용하여야 한다. 즉, 임기응변臨機應變이 중요하다. 전략가는 원칙을 이해하고 상황에 따라 다양한 전략 전술을 구사할 줄 알아야 한다. 상황에 집중하여 상황에 맞는 전략 전술을 사용해야 한다.

손자는 또 유비무환을 이야기한다. 적이 오지 않을 것을 믿지 말고, 나에게 적을 대비하는 태세가 있음을 믿어야 하며, 적이 공격하지 않을 것이라 믿지 말고, 나에게 적이 공격할 수 없는 태세가 있음을 믿어야 한다.

전투에 임해서 장수가 부대를 위태롭게 하는 심리를 장유오위將有五危로 정리해 다섯 가지로 제시했다. 장수가 필사적인 자는 가히 죽일 수 있고, 살려고만 하는 자는 가히 사로잡을 수 있고, 노하기 쉽고 급한 성격은 가히 모욕하여 성내게 할 수 있고, 청렴결백에 치우친 자는 가히 욕하여 격분시킬 수 있고, 백성 사랑에 지나치게 치우친 자는 (백성을 괴롭혀서) 가히 생각을 번거롭게 할 수 있다는 것이다. 지나침을 경계하고 있다.

● 불변의 절대적 원칙과 가변의 상대적 원칙을 구분하라

孫子曰. 凡用兵之法에 將이 受命於君하고 合軍聚衆하니
손 자 왈 범 용 병 지 법   장   수 명 어 군   합 군 취 중

圮地無舍하며 衢地合交하며 絶地無留며 圍地則謀하며
비 지 무 사   구 지 합 교   절 지 무 류   위 지 즉 모

死地則戰하며 途有所不由하며 軍有所不擊하며
사 지 즉 전   도 유 소 불 유   군 유 소 불 격

城有所不攻하며 地有所不爭하며
성 유 소 불 공   지 유 소 불 쟁

君命을 有所不受니라.
군 명   유 소 불 수

손자가 말하였다. 무릇 용병의 법에 장수가 임금의 (출정) 명령을 받아 군을 편성하고 병력을 동원한 후에, 수렁과 같은 지역에서는 숙영하지 않으며,

구지(사통팔달한 요충지)에서는 외교 관계에 힘쓰며, 절지(끊어져 막다른 곳)에서는 머물지 않아야 한다. 위지(삼면이 둘러싸여 포위되기 쉬운 곳)에서는 즉각 계책을 세우며,

사지(진퇴양난의 어려운 지형)에서는 머뭇거리지 말고 즉시 결전을 벌여 위기를 벗어나야 하며, 길에도 가서는 안 될 길이 있으며, 군대도 공격해서는 안 될 군대가 있으며,

성에도 공격지 말아야 할 성이 있으며, 땅이라도 쟁탈해서는 안 될 땅이 있으며, 임금의 명령이라도 따르지 말아야 할 명령이 있다.

● 구변의 이치를 통달한다

故로 將通於九變之利者는 知用兵矣요
고   장통어구변지리자   지용병의

將不通於九變之利者는 雖知地形이나 不能得地之利矣니라.
장불통어구변지리자   수지지형   불능득지지리의

고로 장수가 수많은 변화(구변)의 이로움을 통달하면 용병법을 잘 아는 것이요,

장수가 구변의 이점에 통달하지 못한다면 비록 지형을 안다 하더라도 지형의 이점을 능히 얻지 못할 것이다.

● 항상 이로움과 해로움을 같이 생각한다

治兵에 不知九變之術이면 雖知五利나 不能得人之用矣리라.
치병   부지구변지술   수지오리   불능득인지용의

是故로 智者之慮는 必雜於利害니 雜於利而務可伸也요
시고   지자지려   필잡어리해   잡어리이무가신야

雜於害而患可解也라.
잡어해이환가해야

是故로 屈諸侯者 以害오 役諸侯者 以業이오 趨諸侯者 以利니라.
시고   굴제후자 이해   역제후자 이업   추제후자 이리

故로 用兵之法에 無恃其不來하고 恃吾有以待也하며
고   용병지법   무시기불래   시오유이대야

無恃其不攻하고 恃吾有所不可攻也라.
무시기불공   시오유소불가공야

군대를 운용함에 구변의 활용법을 모른다면 비록 몇 가지 이점을 안다 하더라도 군사력 운용의 요체를 얻지는 못할 것이다.

이런 까닭에 지혜로운 자의 판단은 반드시 이利와 해害를 함께 고려하는 것이니, (해가) 이로움에 섞이면 (그 해를) 힘써 가히 방지할 수 있고, (이점이) 해로움에 섞이면 (그 이로써) 가히 근심거리를 해결할 수 있다.

이런 고로 인접국을 굴복시키려면 해로움으로써 하고, 바쁘게 하려면 일거리를 만들어주고, 가담하게 하려면 이로움을 보여준다.

그러므로 용병의 법에, 적이 오지 않을 것이라 믿지 말고, 나에게 적을 대비하는 태세가 있음을 믿어야 한다. 적이 공격하지 않을 것이라 믿지 말고, 나에게 적이 공격할 수 없는 태세가 있음을 믿어야 한다.

● 장수에게 다섯 가지 위태로운 일이 있다

故로 將有五危하니 必死는 可殺이요 必生은 可虜요 忿速은 可侮요
고   장유오위   필사 가살   필생   가로   분속   가모

廉潔은 可辱이요 愛民은 可煩也니 凡 此五者는 將之過也요
렴결   가욕   애민   가번야   범 차오자   장지과야

用兵之災也라.
용병지재야

覆軍殺將이 必以五危니 不可不察也니라.
복군살장   필이오위   불가불찰야

장수에게 다섯 가지 위태로움이 있으니, 필사(필사적인 자)는 가히 죽일 수 있고, 필생(살려고만 하는 자)은 가히 사로잡을 수 있고, 분속(노하기 쉽고 급한 성격)은 가히 모욕하여 성내게 할 수 있고,

염결(청렴결백에 치우친 자)은 가히 욕하여 격분시킬 수 있고, 애민(백성 사랑에 치우친 자)은 (백성을 괴롭혀서) 가히 생각을 번거롭게 할 수 있으니, 이 다섯 가지는 장수의 과오요 용병의 재앙인 것이다.

군대를 격멸시키고 장수를 죽이는 것이 반드시 이 다섯 가지 과오를 이용하는 것이니 신중히 살피지 않으면 안 된다.

원칙과 준칙을
상황에 맞게 적용하라

손자는 모든 것에 양면성이 있음을 역설했다. 어떤 것이나 음과 양이 어우러져 있고, 이로움과 해로움이 같이 존재한다. 전쟁에서도 어떤 원칙이나 선택에 이로움과 해로움이 공존한다. 무조건 이롭기만 하거나 해롭기만 한 선택은 없다. 그래서 손자는 이로움이나 장점을 보고 어떤 방안을 선택했다면 이점을 극대화하는 동시에 해로움이나 단점을 최소화하려는 방안도 같이 강구해야 한다고 했다. 또 일반적으로 지켜야 할 준칙이나 원칙이더라도 이로움보다 해로움이 크다면 목적, 임무, 피아 상황, 이해득실 등을 깊게 고려해 예외적으로 따르지 않을 수 있다고 말했다.

손자는 일반적으로 사람들이 가야 할 길과 상황에 따라가지 않아야 할 길이 있다고 말했다. 전쟁 시 적 부대를 쳐서 이기는 것이 목적이지만, 치지 않아야 할 부대가 있다고도 했다. 일반적으로 성을 공격해서 이겨야 하나 성에도 공격하지 않아야 할 성이 있으며, 땅도 전쟁 시 점령해야 하나 상황에 따라 점령하지 않아야 할 땅이 있고, 임금의 명령은 따라야 하나 상황에 따라 따르지 않아야 할 명령이 있다고도 했다. 일반적으로 지켜야 할 원칙이나 준칙이라도 상황에 따라서는 과감히 수정해야 할 때도 있다는 것이다.

이러한바, 실제 어떤 원칙이나 준칙을 적용할 때 상황마다 최적의 선택이 무엇인지 고민하고 수행하는 것이 무엇보다 중요하다. 6·25전쟁 때 일반적 원칙과 준칙을 지키지 않고 상황에 맞게 작전을 바꿔 이로운 결과를 이끌었던 사례들을 살펴보자.

팔만대장경을 지켜라

6·25전쟁 당시, 김영환 대령이 전투기 조종사로서 제10전투비행단 전대장의 직책을 맡고 있을 때였다. 김영환 대령은 상부로부터 1951년 8월 전투기 편대로 공중에서 야산에 숨은 공비들에 폭격을 가하라는 명령을 받았다. 가야산 일대에 공비 세력 약 1,000명이 은거하고 있다는 첩보가 유엔군사령부에 접수된 것이다.

김영환 대령은 이들을 폭격하기 위해 전투기 편대군을 이끌고 가야산으로 출격했다. 그런데 폭격지점 부근에 이르자 가야산 내 위치한 해인사 경내에 연막탄이 올랐다. 연막탄은 지상군이 폭격기나 전투기가 폭격 지점을 식별할 수 있도록 돕고, 정확한 폭격을 유도하는 신호였다.

공중 폭격의 목표 지점은 해인사였다. 해인사 일대 게릴라들의 은신처를 공격하기 위해서였다.

그는 순간적으로 해인사에 보관된 팔만대장경을 떠올렸다. 해인사는 천년고찰로 단순한 사찰이라기보다 소중한 문화재였으며, 팔만대장경은 우리나라뿐 아니라 세계적으로도 귀중하게 보존해야 할 유산이다. 그런데 해인사를 폭격한다면 순식간에 해인사와 팔만대장경은 사라질 것이었다. 이에 그는 고뇌에 찬 중대한 결심을 내린다. 지시받은 폭격지점을 수정하기로 하고, 부하 편대군에 해인사 폭격을 멈추라 지시한 것이다. 대신 해인사 외부 야산에 위치한 게릴라의 은신처로 예상되는 지역에 폭격을 가하고, 육안으로 보이는 게릴라에 대해서는 기총으로 사격했다. 귀중한 세계문화유산인 팔만대장경을 지키기 위해서였다.

팔만대장경은 몽골이 고려를 침입하자 부처의 힘으로 몽골군을 물리치기 위해 만든 대장경이다. 팔만대장경 속에는 호국정신이 깃들어 있었다. 만약 김영환 대령이 지시받은 대로 해인사를 폭격했다면 중요한 문화유적이 폭격에 불타 사라졌을 것이다. 그러나 김영환 대령은 지시를 상황에 맞게 수정함으로써 소중한 유산인 팔만대장경을 지켜냈다.

손자가 이야기한 공격해야 할 곳이라도 공격하지 말아야 할 때가 있다는 내용과 일맥상통하다. 김영환 대령은 명령 불복종으로 처벌을 당할 뻔했지만 잘 해명함으로써 처벌을 피할 수 있었다. 김영환 대령은 해인사의 팔만대장경을 보존한 공로를 인정받아 2010년 금관문화훈장을 받았다. 2002년부터는 해인사에서 고 김영환 대령을 기리는 추모제를 실시하고 있다.

메러디스 빅토리호의 선장 레너드 라루의 결정

 일명 크리스마스의 기적, 메러디스 빅토리호의 이야기를 아는가? 바로 1950년 12월 10일부터 약 2주일간 벌어진 흥남철수 작전 중 벌어진 감동적인 사건이다.

 낙동강 전선까지 밀려났던 우리 국군과 유엔군은 9월 15일 인천상륙작전을 계기로 전세를 역전시켜 38선을 돌파하고 북상해 압록강까지 진격하는 데 성공했다. 모두 전쟁의 끝이 코앞에 있다고 생각했다.

 하지만 중공군이 개입하게 되면서 다시 유엔군은 후퇴할 수밖에 없었다. 중공군이 개마고원을 따라 은밀히 공격해 우리 유엔군은 동과 서로 분리되었다. 동서 양쪽으로 나뉜 유엔군 중 서부지역에 있던 유엔군은 지상을 통해 후퇴를 거듭하게 된다. 대략 12월 초순 수도권이 다시 위협을 받는 지경에 이르렀고, 1월 4일에는 서울을 다시 적에 내주고 말았다. 그리고 서울 이남으로 후퇴하게 되는데 그것이 1·4후퇴다.

 동부지역에 있는 유엔군은 최악의 상황을 맞이한다. 중공군이 개마고원을 따라 공격해 원산 일대를 점령한 것이다. 유엔군은 원산이 중공군 수중에 들어가자 포위망에 갇힌 신세가 되었다. 미 제1해병사단 병력과 국군 제1군단 병력 등 약 10만 명이 중공군에 에워싸였다. 그래서 지상으로 후퇴할 길이 막힌 것이다.

 그래서 유엔군사령부는 이들을 해상으로 배를 이용해 철수시키기로 결정한다. 유엔군 사령관인 맥아더 장군은 동부전선 유엔군은 흥남부두에서 배를 이용하여 부산 일대로 철수하라고 명령을 내렸다. 이른바, 흥남철수 작전이다. 약 10만 명의 병력, 차량 1만 8,000여 대, 탱크 등 군수

물자 3만 5,000여 톤을 남쪽으로 싣고 날라야 했다.

그런데 철수 준비를 하던 군인들의 눈에 놀라운 광경이 펼쳐졌다. 공산주의의 압제가 싫어서, 혹은 공산주의자에 대항해 유엔군을 도와주었던 피란민 약 10~20만 명이 새까맣게 흥남부두에 몰려든 것이다. 유엔군이 떠나고 나면 이들은 민주주의 세력에 동조했다는 이유로 목숨을 잃을 것이 분명했다.

하지만 흥남 철수 작전 계획에는 피란민 수송은 포함돼 있지 않았다. 흥남철수 작전을 지휘하고 있던 미 10군단장 에드워드 알몬드는 미군 규정상 군함에 민간인을 태울 수 없고, 병력과 전쟁에 필요한 물자, 장비를 수송하는 것이 최우선이라고 생각했다.

이에 많은 피란민이 목숨을 잃게 될 상황을 놓였다. 이를 두고 볼 수만은 없던 미 10군단 민사부 고문 현봉학은 알몬드 군단장에게 피란민을 배에 태워 그들을 살리자고 간곡히 요청했다. 그리고 한국군 제1군단장 김백일 장군도 나서 피란민을 모두 후송하지 않으면 우리 국군은 피란민과 함께 육로로 중공군이 포위하고 있는 지역을 돌파해 퇴각하겠다고 주장하며 나섰다. 피란민들의 열망과 현봉학의 설득, 한국군의 굳은 결의와 의지에 감동한 알몬드 군단장은 이를 받아들이기로 하고 피란민 철수계획을 승인한다. 군병력과 함께 피란민을 바다를 통해 철수시키기로 결정한 것이다.

따라서 동원할 수 있는 군함과 수송선을 포함 민간선박들이 모두 동원돼 흥남철수 작전이 개시되었다. 12월 15일부터 24일까지 2주 동안 수송선 135척, 그 외에 크고 작은 민간선박, 군함 20여 척이 군인과 피란민, 그리고 군장비와 물자를 흥남부두에서 거제도와 부산 일대로 이

동시켰다.

그리고 흥남철수 작전이 끝나갈 즈음이었다. 메러디스 빅토리호가 흥남부두를 떠날 준비를 하고 있었다. 메러디스 빅토리호는 군수물자를 운송하기 위해 투입된 약 7,600여 톤 규모의 수송선으로 선내에는 군 장비와 물자들이 빼곡히 탑재되어 있었다.

그런데 이때 기적 같은 일이 일어난다. 메러디스 빅토리호의 선장, 레너드 라루의 눈에 아직 발을 동동 구르며 자신들을 살려달라고 아우성인 수많은 피란민이 모습이 포착된 것이다. 선장 레너드 라루는 갈등에 빠졌다. 그의 임무는 전쟁 물자만을 싣고 흥남을 철수하는 것이었다. 하지만 임무를 수행하면 그 많은 피란민이 죽임을 당할 것이었다.

고민 끝에 그는 임무를 어기기로 작정한다. 수송선에 선적된 장비와 물자도 중요하지만, 더 중요한 것은 피란민을 구출하는 것이라고 판단한 것이다.

레너드 라루는 수송선에 탑재된 군 장비와 물자를 모두 내리고 그 공간에 최대한 많은 피란민을 태우라고 지시한다. 그는 수송선의 규정 인원을 따르지 않았다. 그리고 군인에게 생명과도 같은 임무도 수정했다.

메러디스 빅토리호는 배에 실었던 군수물자 25만 톤을 버리고, 정원 60명의 230배가 넘는 1만 4,000명을 태워 거제도 장승포항으로 향했다. 실려 있던 물자를 내리고 피란민을 탑승시키는 데는 16시간이 소요되었다. 중공군이 흥남으로 공격해오고 있는 긴박한 상황 속에서 벌어진 일이었다. 그리고 사흘간의 목숨을 건 항해를 통해 거제도까지 한 명의 희생자도 없이 이송을 완료했다. 거제도에 도착했을 때는 흥남을 떠날 때보다 다섯 명이 더 늘어나 있었다. 사흘간의 항해 속에서 아이 다섯 명이 탄생한 것이다. 미군은 이때 태어난 신생아를 김치1, 김치2, 김치3, 김치4, 김치5로 이름 지어 주었다. 전쟁에서 희망이 피어오른 것이다. 메러디스 빅토리호가 무사히 거제도에 도착한 시점이 크리스마스 때라 크리스마스의 기적이라고도 한다. 메러디스 빅토리호는 인류 역사상 가장 많은 생명을 구한 기적의 배로 기네스북에 등재됐다. 흥남철수 작전은 세계 전사 상 가장 인도주의적인 작전으로 기록됐다.

만약 알몬드 군단장이 정해진 규정과 임무에만 매몰돼 있었다면, 10~20만 명의 무고한 피란민들은 살아남을 수 없었을 것이다. 그리고 메리디스 빅토리아호 선장 레너드 라루가 규정 준수와 임무 완수에만 집착해 전쟁 물자 수송만 했다면, 1만 4,000명의 피란민의 목숨은 어떻게 되었을까? 선장 레너드 라루의 판단으로 비록 군수물자, 장비들을 잃었지만, 귀중한 1만 4,000명의 목숨을 살릴 수 있었다. 한 사람 한 사람의 목숨을 살린 것만큼 더욱 고귀한 선택은 없었을 것이다. 손자가 말한 대로 원칙이나 규정도 상황에 따라서는 바꿔 적용해야 한다는 것의 좋은 사례라 할 수 있다.

현대전에서의 표적 공격

현대전에서 이러한 사례는 그대로 적용된다. 적에 대한 표적 공격계획을 발전시킬 때 법무 참모를 참석시켜 표적 공격이 전쟁법으로 문제가 없는지를 검토하고 계획을 발전시킨다. 그래서 중요 문화재, 민간인 지역 등은 표적에서 제외시킨다. 또한 표적 공격 시에도 부수적인 다른 피해를 최소로 하기 위해 표적을 정밀 분석해 계획을 발전시킨다.

부수적인 피해가 예상되는 지역은 정밀 유도무기를 사용하여 피해 최소화 노력을 기울인다. 이러한 현대전에서 표적 공격 시 검토사항들은 손자가 이야기한 사항과 부대도 공격하지 말아야 할 부대가 있고, 점령하지 말아야 할 땅이 있다는 말과 궤를 같이한다.

모든 일에는 양면성이 있습니다. 그래서 좋은 점, 유리한 점, 편한 점만 보면 안 됩니다. 사태의 결과까지 읽을 줄 알아야 합니다.

적의 형세를 잘 살펴야 승리한다

〈행군〉편 개요

'행군行軍'이란 '군대의 행진'을 뜻하나 여기서는 전쟁터로 기동하면서 고려해야 하는 요소를 모두 설명하고 있다. 군을 전장으로 이동시킬 때는 행군行軍, 숙영宿營, 전투戰鬪, 기동機動 그리고 적정 관찰을 잘해야 한다. 지형별 행군과 숙영 원칙을 잘 기술하고 있다.

산악지역, 강, 소택지, 평지에서 부대 배치하는 방법 또한 잘 제시하고 있다. 이 네 가지 지형 이용법은 황제黃帝가 사방의 왕을 이긴 이치라고까지 말한다. 또 적의 징후별 상황 판단법을 30개 이상 제시한다.

적의 태도로 적의 형세를 살피는 법, 풀과 나무의 동정에서 정세를 살피는 법, 새와 짐승의 움직임에서 정세를 살피는 법, 먼지의 모양과 움직임, 적 사신의 태도, 적 사졸의 움직임, 적 숙영지의 동정, 적의 기강상태, 적의 식량 사정을 살피는 징후, 적 장수들의 움직임에서 정세를 살피는 방법 등 다양한 징후와 해석법을 제시한다.

또 전투 현장에서 규율을 어떻게 유지하고 위배한 자를 어떻게 처벌해야 하는지를 제시했다. 사졸들과 친해지기 전에 벌하면 심복心服하지 않을 것이니, 심복하지 않으면 쓰기 어렵다고 했다. 사졸들과 친해졌더라도 벌을 행하지 않으면 역시 쓸 수 없게 된다. 따라서 먼저 사졸들에게 덕을 베풀어 마음이 따라오게 하고, 이후에 군 기강을 엄정히 하고 잘못한 것에 관해서는 법령집행을 엄히 하라는 것이다.

● 산악, 하천, 소택지, 하천에서의 전투 요령

孫子曰. 凡 處軍相敵에 絶山依谷하고 視生處高하고 戰隆無登이니
손 자 왈 범 범 처 군 상 적   절 산 의 곡   시 생 처 고   전 륭 무 등

此는 處山之軍也요
차   처 산 지 군 야

손자가 말하였다. 전쟁터에 임해 적과 마주함에 있어서 산을 넘어갈 때
는 계곡을 따르고, 생지를 보면서 높은 곳에 있고, 높은 곳에 있는 적과 싸
우러 올라가지 말지니, 이는 산악에서의 전투 요령이다.

絶水어든 必遠水하고 客이 絶水而來어든 勿迎之於水内하고
절 수   필 원 수   객   절 수 이 래   물 영 지 어 수 내

令半濟而擊之면 利하고
령 반 제 이 격 지 리

欲戰者는 無附水而迎客하고 視生處高하여 無迎水流니
욕 전 자 무 부 수 이 영 객   시 생 처 고   무 영 수 류

此는 處水上之軍也요
차   처 수 상 지 군 야

강을 건너면 반드시 물에서 멀리 떨어지고, 적이 강을 건너오면 물속에
서 맞아 싸우지 말고 반쯤 건너게 하여 공격하면 유리하고,

싸우기를 원할 때는 물가에 붙어서 맞아 싸우지 말고, 생지를 보면서
높은 곳에 있어 물 흐름[水攻]을 맞지 않도록 할 것이니, 이는 하천에서의
전투 요령이다.

(적 부대 병력의 절반 정도가 강을 넘어왔을 때 공격하라는 것은 적의 심리와
적이 분산되었을 때 공격하라는 의미이다. 병력의 반쯤이 강을 건너온 상태에서
는 강 속에 있는 병사들은 빨리 강 밖으로 가려고 하고 강을 건넌 병사들은 아직

땅에 적응이 안 되어 있는 상태이다. 이때 공격하면 강을 건너온 병사들은 옷이 젖고 땅에 적응이 안 되어 있으므로 전투력 발휘를 잘하지 못해 아군에게 유리하다. 또 불리해서 강을 다시 건너 돌아가려 해도 강을 건너오는 병사 때문에 돌아갈 수 없다. 그리고 물속에 있는 병사의 마음은 강을 건너가서 적과 싸워야 할지, 다시 돌아 후퇴를 해야 할지 망설이면서 혼란에 빠진다. 아직 강을 건너지 않은 병사들은 강을 건너 지원하고 싶어도 쉽게 할 수 없다. 나는 집중하고 적은 분산되어 있으니 쉽게 이길 수 있다.

絶斥澤이어든 惟亟去無留니 若交軍於斥澤之中이면 必依水
절 척 택   유 극 거 무 류   약 교 군 어 척 택 지 중   필 의 수
草而背衆樹니 此는 處斥澤之軍也요
초 이 배 중 수   차   처 척 택 지 군 야
平陸은 處易하여 右背高하고 前死後生이니 此 處平陸之軍也라.
평 륙   처 이   우 배 고   전 사 후 생 이니   차 처 평 륙 지 군 야
凡 此 四軍之利는 黃帝之所以勝四帝也니라.
범 차 사 군 지 리   황 제 지 소 이 승 사 제 야

소택지(늪과 못으로 둘러싸인 습지)를 지날 때는 오직 빨리 지나가고 머물지 말지니, 만약 소택지 안에서 전투를 하게 되면 반드시 수초水草 있는 곳에 근거하여 숲을 등진 상태로 싸울지니, 이는 소택지에서의 전투 요령이다.

(소택지에서는 될 수 있으면 전투를 안 하는 것이 좋다. 부득이 소택지에서 전투를 할 경우에는 수초 숲을 등지고 해야 한다. 그래야 불리하면 수초 숲으로 숨어 전투력을 보존할 수 있다.)

평지에서는 편한 곳에 있어 오른쪽 뒤편에 고지를 두고, 앞에 사지를 두고 뒤에 생지를 둘 것이니, 이는 평지에서의 전투 요령이다.

(평지에서 싸울 때 오른쪽 뒤편에 고지를 두고 배치하라는 것은 대부분 사람이 오른팔을 쓰는 것에 착안했다. 활을 쏠 때도 오른손과 팔을 쓰는 사람은 시계

반대 방향, 즉 왼쪽으로는 신속히 활을 쏠 수 있으나 오른쪽으로는 활을 쏘는 반경이 좁고 활을 신속히 쏘는 것이 곤란하다. 그래서 오른쪽 뒤편에 고지를 두어 보호를 받는 것이 유리하다. 그리고 뒤편에 생지를 두어야 보급 지원이 쉽고, 불리할 때는 후퇴하여 생존성을 보장한다. 역으로 사지를 앞에 두면 적들이 사지에서 전투를 해야 하므로 적에게는 불리하다. 이러한 지형의 선택을 잘하면 유리한 상태에서 싸울 수 있는 것이다.)

대체로 이러한 네 가지 지형의 이용법은 황제가 사방의 왕들을 이기게 된 이치이다.

● 군대를 양지바른 곳에 배치한다

凡 軍은 好高而惡下하고 貴陽而賤陰이니 養生而處實하여
범 군　호 고 이 오 하　귀 양 이 천 음　　양 생 이 처 실

軍無百疾이면 是謂必勝이라
군 무 백 질　시 위 필 승

丘陵堤防에 必處其陽하고 而右背之니 此는 兵之利也요 地之助也라.
구 릉 제 방　필 처 기 양　이 우 배 지　차　차 병 지 리 야　지 지 조 야

대체로 군은 높은 곳을 좋아하며 낮은 곳을 싫어하고, 양지바른 곳을 귀하게 여기며 음지를 천하게 여기니, 잘 먹여 살리고 견실한 곳에 있어 군에 아무 질병이 없으면, 이는 필승의 태세라 할 수 있다.

구릉(언덕)과 제방(둑)에서는 양지바른 곳에 진을 설치하되 구릉 및 제방을 오른쪽 뒤편에 둘 것이니, 이는 용병의 유리함이요 지리의 활용이다.

(군대를 진지에 배치하면 장기간 그곳에서 적과 싸울 때까지 숙영하면서 방어도 해야 한다. 그렇기에 양지바르면서 방어가 잘되는 곳에 있어야 한다. 방어 태세와 부대 관리를 동시에 고려해야 한다는 것이다.)

● 지형을 잘 판단해야 한다

上雨水沫至_{어든} 欲涉者 待其定也_{니라.}
상 우 수 말 지　욕 섭 자 대 기 정 야

凡 地有 絶澗 天井 天牢 天羅 天陷 天隙_{이어든} 必亟去之_{하고}
범 지 유 절 간 천 정 천 뢰 천 라 천 함 천 극　　필 극 거 지

勿近也_니
물 근 야

吾 遠之_면 敵 近之_{하고} 吾 迎之_면 敵 背之_요
오 원 지　적 근 지　오 영 지　적 배 지

軍旁_에 有險阻 潢井 林木 蒹葭 翳薈者_{어든} 必謹覆索之_니
군 방　유 험.조 황 정 임 목 겸 가 예 회 자　필 근 복 색 지

此 伏姦之所也_{라.}
차 복 간 지 소 야

상류에 비가 와서 물거품이 떠내려오면 강을 건너고 싶더라도 물살이
안정되기를 기다려야 한다.

무릇 지형상으로 깊은 계곡 지형, 움푹 꺼져 물이 모이는 지형, 산이 험
하여 감옥 같은 지형, 숲이 울창한 지형, 소택지, 울퉁불퉁한 동굴 지대 등
이 있거든 반드시 빨리 지나가야 하고, 가까이 있어서는 안 된다.

내가 그것을 멀리하면 적이 가까이 있게 될 것이며, 내가 그것을 앞에
두게 되면 적은 그것을 뒤에 두게 될 것이다.

부대 근처에 험한 곳, 웅덩이, 수풀, 갈대숲, 가시덤불 등이 있거든 반드
시 반복 수색해야 하니, 이런 곳은 적의 첩자가 숨는 곳이다.

● 세 가지의 적 징후 분석법

敵近而靜者_는 恃其險也_요 遠而挑戰者_는 欲人之進也_요
적 근 이 정 자　시 기 험 야　원 이 도 전 자　욕 인 지 진 야

其所居易者_는 利也_요
기 소 거 이 자　리 야

衆樹動者는 來也요 衆草多障者는 疑也요
중 수 동 자 래 야 중 초 다 장 자 의 야

鳥起者는 伏也요 獸駭者는 覆也라.
조 기 자 복 야 수 해 자 복 야

적의 태도로 적의 형세를 살핀다 함은, 적이 가까이 있으면서도 조용한 것은 험함(지형 또는 기세)을 믿기 때문이요, 멀리 있으면서 싸움을 걸어오는 것은 아군의 진격을 유인하려는 것이다.

숙영하고 있는 곳이 평탄하다는 것은 이로운 것이다.

풀과 나무의 동정에서 정세를 살핀다 함은, 많은 나무가 움직이는 것은 적이 오는 것이요, 풀을 묶어 걸리는 것이 많게 한 것은 의심을 불러일으키려는 것이다.

새와 짐승의 움직임에서 정세를 살핀다 함은, 새가 날아오르는 것은 복병이 있는 것이요, 짐승이 놀라 달아나는 것도 복병이 있는 것이다.

塵高而銳者는 車來也요 卑而廣者는 徒來也요
진 고 이 예 자 차 래 야 비 이 광 자 도 래 야

散而條達者는 樵採也요 少而往來者는 營軍也요
산 이 조 달 자 초 채 야 소 이 왕 래 자 영 군 야

먼지의 모양과 움직임에서 정세를 살핀다 함은, 먼지가 높고 날카롭게 오르는 것은 적의 전차부대가 오는 것이요, 먼지가 낮고 넓게 깔리는 것은 보병이 오는 것이다.

여러 곳에서 가늘게 일어나고 있는 것은 땔나무를 치고 있는 것이요, 작으면서도 왔다 갔다 하는 것은 숙영준비를 하고 있는 것이다.

辭卑而益備者는 進也요 辭强而進驅者는 退也요
사 비 이 익 비 자 진 야 사 강 이 진 구 자 퇴 야

輕車 先出居其側者는 陳也오 無約而請和者는 謀也요
경 차 선 출 거 기 측 자 진 야 무 약 이 청 화 자 모 야

적의 사신의 태도에서 정세를 살핀다 함은, (사신의) 말은 겸손하면서 더욱 많이 준비하는 자는 진격하려는 것이요, 말이 강경하면서 앞으로 달려 나오려는 듯한 자는 물러가려는 것이다.

경전차가 먼저 나와서 양측에 서는 것은 진형을 갖추는 것이요, 아무런 약조도 없이 강화를 청하는 것은 어떤 모략이 있는 것이다.

奔走而陳兵車者는 期也요 半進半退者는 誘也요
분 주 이 진 병 차 자　　기 야　　반 진 반 퇴 자　　유 야

倚仗而立者는 飢也요 汲而先飮者는 渴也요 見利而不進者는
의 장 이 립 자　　기 야　　급 이 선 음 자　　갈 야　　견 리 이 부 진 자

勞也요
로 야

적의 사졸들의 움직임에서 정세를 살핀다 함은, 분주히 뛰어다니며 병력과 전차를 배치하는 것은 전투를 기하려는 것이요, 반쯤 전진하다가 반쯤 후퇴하는 것은 아군을 유인하려는 것이다.

지팡이에 기대어 서 있는 것은 굶주린 것이요, 물을 길면서 먼저 물을 마시는 것은 목마르다는 것이요, 이로움을 보고도 진격하지 않는 것은 피로하다는 것이다.

鳥集者는 虛也요 夜呼者는 恐也요
조 집 자　　허 야　　야 호 자　　공 야

軍擾者는 將不重也요 旌旗動者는 亂也요 吏怒者는 倦也요
군 요 자　　장 불 중 야　　정 기 동 자　　란 야　　리 노 자　　권 야

(적의 숙영지 동정에서 정세를 살핀다 함은) 새가 모이는 것은 비어 있음이요, 밤에 소리 지르는 것은 겁먹은 것이다.

(적의 기강 상태에서 정세를 살핀다 함은) 군이 어지러운 것은 장수가 위엄이 없는 것이요, 깃발이 흔들리는 것은 혼란에 빠진 것이요, 간부가 성

내는 것은 게을러져 있기 때문이다.

殺馬肉食者는 軍無糧也요 懸甀不返其舍者는 窮寇也요
살 마 육 식 자　군 무 량 야　현 부 불 반 기 사 자　궁 구 야

(적의 식량 사정을 살핀다 함은) 말을 죽여 고기를 먹는 것은 군량이 없는
것이요, 그릇을 걸어두고 되돌려주지 않는 것은 궁핍한 상태이다.

諄諄翕翕하여 徐與人言者는 失衆也요
순 순 흡 흡　　　서 여 인 언 자　실 중 야
數賞者는 窘也요 數罰者는 困也요
삭 상 자　군 야　삭 벌 자　곤 야
先暴而後畏其衆者는 不精之至也요
선 폭 이 후 외 기 중 자　부 정 지 지 야

(장수들의 움직임에서 정세를 살핀다 함은) 장수가 장황하게 간곡히 얘기
하는 것은 병사들의 신망을 잃었음이요,

자주 상을 주는 것은 궁색한 것이요, 자주 벌을 주는 것은 어려워졌음
이요,

난폭하게 한 후에 부하들을 겁내는 것은 지극히 정교하지 못한 것이다.

來委謝者는 欲休息也라
래 위 사 자　욕 휴 식 야
兵怒而相迎하여 久而不合하고 又不相去어든 必謹察之니라.
병 노 이 상 영　　구 이 불 합　　우 불 상 거　　필 근 찰 지

(적의 태도에서 정세를 살핀다 함은) 사자가 와서 거짓 사과하는 것은 휴
식을 원하는 것이다.

적군이 분노한 채 대치하고서 오랫동안 전투도 하지 않고 또 철수도 하
지 않거든 반드시 깊이 살펴야 한다.

● 군사가 많다고 좋은 것은 아니다

兵非貴益多요 雖無武進이라도 足以幷力料敵하여 取人而已라
병 비 귀 익 다   수 무 무 진   족 이 병 력 료 적   취 인 이 이

夫 唯無慮而易敵者는 必擒於人이니라.
부 유 무 려 이 이 적 자   필 금 어 인

군사는 수가 많을수록 좋은 것은 아니요, 비록 무용의 앞서감이 없다

하더라도 족히 힘을 합하고 적정을 헤아려 적을 취할 수 있다.

대체로 깊은 생각 없이 적을 가벼이 여기는 자는 반드시 잡힐 것이다.

● 평소에 법령이 엄정해야 지휘가 된다

卒未親附而罰之면 則不服이니 不服則難用이요
졸 미 친 부 이 벌 지   즉 불 복   불 복 즉 난 용

卒已親附而罰不行이면 則不可用也라
졸 이 친 부 이 벌 불 행   즉 불 가 용 야

故로 令之以文하고 齊之以武면 是謂必取니라.
고   령 지 이 문   제 지 이 무   시 위 필 취

사졸들과 친해지기 전에 벌하면 심복하지 않을 것이니, 심복하지 않으

면 쓰기 어렵다.

사졸들이 이미 친해졌더라도 벌을 행하지 않으면 역시 쓸 수 없게 된다.

그러므로 (명)령을 내림에 글(학문, 법령)로써 하고 부하를 단련시킴에

무(훈련)로써 하면 이것을 확실한 승리 태세라 한다.

令素行하여 以敎其民이면 則民服하고
령 소 행   이 교 기 민   즉 민 복

令不素行하여 以敎其民이면 則民不服이니
령 불 소 행   이 교 기 민   즉 민 불 복

令素行者는 與衆相得也니라.
령 소 행 자   여 중 상 득 야

법령이 평소에 잘 행해지면서 그 백성을 가르치면 백성이 심복하고,

법령이 평소에 잘 행해지지도 않으면서 가르치면 심복하지 않는다.

법령이 평소에 잘 행해지는 것은 백성과 함께 서로 득이 되는 것이다.

SECRET 17

레이더를 켜고
징후를 살펴라

경쟁자보다 정보 우위에 서는 것은 승리의 결정적 요소다. 정보에 앞서야 상대보다 빠른 대응으로 주도권을 잡고 승리를 거머쥘 수 있다. 만약 경쟁자가 나보다 많은 정보를 획득했다면 나는 주도권을 잃고 상대에게 끌려다니기에 십상이다. 결국 내가 패배할 확률이 높다.

손자는 전쟁에서 불확실한 미신이나 점괘 등을 의사판단의 근거로 활용해서는 안 된다고 한다. 대신 확실한 정보를 바탕으로 판단해야 한다고 강조한다. 그러면서 손자는 정보 우위에 설 방법으로 여러 가지를 제시한다.

먼저 첩자를 이용하여 적의 정보를 획득해 오는 방법을 설명한다. 그 다음 사소한 징후를 자세히 관찰해 정보로 활용하고, 징후를 관찰해도 적에 관해서는 완전하게 알기 어려우므로 마지막으로 적을 자극해보고,

적이 보이는 반응을 살펴 적의 허와 실을 파악하라고 한다. 이것이 '책작형각策作形角'이다. 적을 찔러본 후 반응을 보고 적의 군사력과 대비 태세를 확인하는 방법이다.

징후 판단

모든 일에서는 사전 징후가 포착되는 법이다. 이러한 징후를 자세히 관찰하여 상황을 정확히 파악하고 적절한 대응을 하는 것이 무엇보다 중요하다.

손자는 전장에서 만날 수 있는 30개 이상의 유형별 징후를 예시하면서 어떻게 해석해야 하는지 체계적으로 설명한다. 손자가 말한 징후는 적의 일반적인 동향에서부터 초목·새·짐승·먼지 등 자연물의 움직임, 적 장병의 일반적인 태도 등을 통해 다양한 방식으로 드러난다. 대표적인 예 몇 가지를 들어보겠다.

첫째로 적의 군대 움직임과 관련하여 적의 징후와 의도를 파악하는 방법이다. 손자는 적이 가까이 있는데도 조용하게 있는 것은 험준한 지형을 믿고 있는 것이라고 한다. 즉, 아군이 먼저 공격을 해오도록 기다리고 있는 것이라는 얘기다. 반대로 적이 아주 멀리 있으면서도 싸움을 걸어오는 것은 아군을 유인하기 위한 경우가 많다고 했다. 과거에는 근접전 위주였으므로 적의 주 병력이 가까이 있어야 결정적 전투가 이루어졌다. 그런데 적의 주력은 멀리 배치하고 일부 부대가 와서 싸움을 거는 것은 아군을 유인하려는 속셈이 있는 것이다. 그래서 이러한 경우는 함부로 군대를 움직여서는 안 된다고 했다.

둘째, 손자는 자연현상을 자세히 관찰해보면 적의 동태를 파악할 수 있고 군사력 운용에도 적용할 수 있다고 했다. 많은 나무가 움직이는 것은 보병들이 오고 있는 뜻이다. 숲이 우거졌는데 특정 지역의 나무들만 움직이면 수풀을 헤치고 적이 이동하는 것이다.

실제 6·25 전쟁에 참전한 한 간부의 증언에 따르면 이러한 징후가 전투에 도움이 되었다고 한다. 북한군이 38선 전 지역에서 전면적인 기습 남침을 했을 때 국군 6사단은 조직적으로 춘천지역에서 북한군을 방어하고 있었다. 이때 춘천지역 전투에 참전한 16포병 대대 간부는 당시 소양강 넘어 북쪽 밀밭, 보리밭, 잡목이 우거져 있는 지역을 보고 있었다. 바람이 불지 않는데도 밀밭과 보리밭이 움직이는 것이 멀리서도 보였다고 한다. 적이 낮은 자세로 오면 그러한 현상이 일어난다. 그래서 숲의 나무나 밀 보리들이 움직이는 것을 유심히 관찰하고 있다가 움직임이 포착되는 곳에 적이 공격해오고 있음을 직감하고 집중 포격을 가했다. 그러자 밀밭과 보리밭에서 적들이 쓰러지는 모습을 볼 수 있었다고 한다. 당시 16포병 대대는 이러한 방법을 포함해 다양한 화력전을 전개해 춘천에서 북한군의 공격을 사흘 동안 막아내었다.

손자는 적과 대치된 전장에서 새가 날아오르는 것은 복병이 있다는 의미라 했다. 반면 새가 유유히 날아들고 모여드는 것은 그곳에 적 병력의 배치가 없이 비어 있다는 것이라 했다. 임진왜란 때 왜군이 한양에 들어가기 위해 문경새재를 통과해야 할 때였다. 왜군의 선봉 제1군을 지휘한 고니시는 문경새재에 조선군이 매복해 있을 것으로 생각했다. 문경새재는 험한 지형이라 소수의 병력이 지켜도 통과하기 어려운 지형이었다.

그런데 정찰병을 보내니 조선군이 없다고 하지 않겠는가? 지형의 중요도를 고려할 때 상식적으로 조선군이 매복하고 있어야 정상인데 그렇지 않다고 하니 왜군 지휘관은 의아함을 느꼈다. 그때 문경새재를 멀리 바라보니 새가 유유히 노닐면서 모여 있었다. 그 모습을 보고 문경새재에 조선군이 배치되어 있지 않다는 것을 확신하고 왜군이 신속히 문경새재를 통과했던 사례도 있다.

손자는 전쟁 중 적 병사들의 태도를 보고도 적의 상태를 알 수 있다고 했다. 지팡이에 기대어 서 있는 것은 적 병력이 굶주려 있는 것이다. 물을 기르면서 허겁지겁 먼저 마시는 것은 목마르다는 것이요, 이로움을 보면서도 진격하지 않는 것은 피로하다는 것이다. 적이 분노한 채 대치하고도 오랫동안 전투도 철수도 하지 않는 것은 반드시 깊이 살펴야한다고도 했다.

손자는 이처럼 2,500년 전 《손자병법》을 통해 사소한 징후도 놓치지 않고 적을 어떻게 판단해야 하는지 소상히 제시했다. 한 징후만 보지 말고 여러 징후를 종합해 복합적으로 판단해야 바람직하다고 말한다.

현재 미군도 징후 파악을 매우 중시하고 있다. 미군은 상황마다 나타나는 징후를 미리 뽑아서, 징후 목록을 만든다. 일종의 징후 체크리스트라고 할 수 있다. 그리고 그러한 징후를 유심히 관찰하도록 정보부대에 임무를 준다. 그러면 해당 부대에서는 정보자산을 운용하는 계획 속에 징후를 파악하는 임무를 포함하고, 매일 매일 수집된 징후를 체크해 의미 있는 정보를 추출해 지휘관에게 보고해 적절한 지휘 결심과 조치를 할 수 있도록 하는 것이다.

하인리히 법칙

일반 기업에서도 이러한 시스템을 적용하면 징후를 더 쉽게 수집하고 분석해 유의미한 정보를 얻어낼 수 있다. 기업이 성공하기 위해서는 거시경제 흐름과 지표, 미시경제 흐름과 지표, 국내외 환경평가를 통해 사소한 징후라도 놓치지 말고 기업에 어떤 영향을 미치는지 주시해야 한다. 또 소비자 성향의 변화를 잘 파악해야 한다. 변화는 갑자기 오는 것이 아니라 이미 시작이 됐는데 그 징후를 포착하지 못하는 경우가 대다수다. 특히 기업은 내부사고로 위기에 빠지는 경우가 있다. 사건이 일어나기 전 징후를 잘 포착했다면 막을 수 있었을 사고들인 경우가 많다.

하인리히 법칙이라는 게 있다. 대형 사고가 일어나기 전에는 반드시 작은 잦은 사고가 선행한다. 큰 사고가 발생하기 전에 이미 징후가 나타난다는 말이다. 1920년대 미국의 여행자보험회사에 다니던 허버트 윌리엄 하인리히Herbert William Heinrich는 7만 5,000건의 산업재해 자료를 정밀 분석해 의미 있는 통계학적 규칙을 찾아냈다. 평균적으로 한 건의 큰 사고 전에 29번의 작은 사고가 발생하고, 300번의 잠재적 징후들이 나타난다는 사실이다. 1931년 《산업재해예방 : 과학적 접근》이라는 책을 펴내며 '1:29:300의 법칙'을 발표했다. 하인리히는 이 책에서 산업재해로 인해 중상자가 1명 나오면 그전에 같은 원인으로 발생한 경상자가 29명 있었고, 다치지는 않았지만 같은 원인으로 경미한 사고를 겪은 사람이 무려 300명 있었다는 사실을 밝혀냈다.

큰 사고는 우연히 또는 어느 순간 갑작스럽게 발생하지 않고 그 이전에 반드시 가벼운 사고들이 반복되는 과정에서 발생한다는 것이다. 따라서 사소한 징후가 포착되거나 문제가 발생하였을 때 이를 자세히 살펴 그 원인을 파악하고 잘못된 점을 바로잡으면 큰 재해를 방지할 수 있다. 그러나 징후가 있음에도 이를 무시한 채 신속하게 대처하지 않고 방치하면 돌이킬 수 없는 대형 사고로 번질 수 있음을 알고 경각심을 가져야 한다.

후쿠시마 원전 사고

2011년 발생한 일본 후쿠시마 원전 사고로 인한 일본의 오염수 방출 문제가 최근 심각한 사회문제로 떠오르고 있다. 그런데 후쿠시마 원전 사고도 사전 징후가 있었다는 것을 아는가? 후쿠시마 원전 사고는 쓰나미에 의한 자연재해로 인식되어 있다. 하지만 따져보면 사전 시설 관리가 미흡해서 사고를 키운 측면이 크다. 원전 누출 사고가 발생하기 전 여러 징후가 나타났고 많은 이들이 경고했는데도 도쿄전력이 이를 무시해온 것이다. 만약 이런 징후가 나타났을 때 근본적인 대책을 마련했더라면 쓰나미에도 지금과 같은 최악의 방사능 유출 사고는 방지할 수 있었을 것이다.

사건으로부터 약 40년 전인 1972년 미국원자력위원회는 후쿠시마 원전의 원자로가 폭발에 취약하므로 노심이 녹으면 방사능 유출 위험이 크다고 경고했다. 또 1986년에는 미국원자력규제위원회의 안전책임자가 내압 능력이 약해 격납 기능에 문제가 있다고 지적했고, 2007년 미국 마이애미에서 개최된 원자력 엔지니어링 콘퍼런스에서는 후쿠시마 원전이 쓰나미를 견뎌낼 수 없다고 경고했다. 하지만 도쿄전력은 이를 번번이 무시했다.

1998년에는 원전 내 차단기에 화재가 발생했고, 2002년에는 원전 내부에 고장 및 균열이 발생했다는 내부 보고서를 도쿄전력이 무시하고 장기간 점검기록을 조작하기도 했다. 2007년에는 4호기 원자로의 차단기에 화재가 발생했으나 역시 특별한 조치를 하지 않았다. 결국 한 번의 대형사고, 2011년 원전 누출 사고를 맞게 된 것이다.

기업 경영뿐 아니라 국가 운영에도 하인리히 법칙이 적용된다. 우리나라의 대단히 아픈 기억 중 하나인 IMF 사태가 발생하기 전에도 많은 징후가 있었는데 정부와 기업들은 이에 대한 대응을 소홀히 했다. 그 결과 우리는 너무나 혹독한 대가를 치러야 했다. 국가 신용도가 떨어지고, 많은 기업이 부도나고, 많은 사회인이 실직하는 등 국가가 벼랑 끝에 몰렸었다. 국민의 경제적 고통은 말이 아니었다.

IMF 사태의 기억

IMF가 발생하기 전 우리나라 경제 상황은 어땠을까? 1980년대 말 우리나라는 3저 현상(저유가, 저달러, 저금리)으로 경제 호황을 견인했다. 단군 이래 최대의 호황기라고 말할 정도였다.

우리나라는 석유 한 방울 나지 않는데 유가가 낮으니 공장을 운영하기 좋았다. 또 금리도 낮아 은행에서 돈을 빌려 사업을 벌이고 투자하기가 쉬웠다. 그래서 많은 기업이 너도나도 은행에서 돈을 빌려 사업을 확장했다. 차입경영을 주로 했다. 그리고 달러 가치가 낮고 상대적으로 엔화 가치가 높아 우리 기업들은 세계 시장에서 가격 경쟁력을 유지할 수 있었다. 경상수지는 흑자 연속이었다.

그런데 이러한 국제 경기 흐름은 변하고, 3저 현상은 90년대 중반이 되자 끝이 났다. 유가가 상승하고, 달러 가치가 높아지고, 금리가 상승했다. 정부와 기업들은 이러한 경기 흐름에 발맞춰 빠르게 경제 정책을 전환하고 기업 정책과 체질을 개선했어야 했으나 그러지 못했다. 정부는 저금리 정책을 지속했고, 기업들은 차입경영을 유지했다. 많은 기업이 어마어마한 부채를 떠안고 있었다.

상황이 이렇게 흘러가자 곳곳에서 위험징후가 포착되기 시작했다. 먼저 1996년부터 경상수지 적자 폭이 커졌다. 1996년부터 환율이 올라가고 단기부채가 증가하고 외화 보유액이 감소하기 시작했다. 그리고 1997년 초 한보그룹이 5조 원대의 부도를 내는 것을 시작으로 삼미, 진로, 뉴코아 등 대기업들의 연쇄적인 부도가 이어졌다. 이러한 사태가 일어나기 전 많은 경제전문가가 국가 위기사태를 경고했다. 기업의 무리한 대출과 해외 금융시장 불안정, 정경유착, 차입경영, 금융부실, 부패 관행이란 단어들이 보이기 시작했다. 스탠다드앤푸어스S&P는 'AA+(우수)'였던 한국의 국가신용등급을 'A+'(양호)로 떨어뜨렸다.

하지만 당시 경제 관료들과 많은 기업에서는 이를 무시하고 미온적인 대처만 일삼았다. 그리고 태국발 경제 위기가 동아시아 국가를 휩쓸고 결국 우리나라를 강타했다. 이에 한국은 IMF 관리체제라는 직격탄을 맞게 됐다. 금융, 건설, 제조, 설비, 투자할 것 없이 휘청거렸다.

IMF 사태로 인한 실업자는 130만 명에 달했다. 우리나라는 이를 극복하기 위해 대 국민 금 모으기 운동을 펼치고 긴축재정을 실시하는 등 다각적인 노력을 기울였다. 그 결과로 약 4년 후 IMF 차관 전액을 갚았다. 하지만 그 후유증은 지금도 지속되고 있다. 경제 위기 징후에 민감히 대처하지 못한 대가를 혹독히 치르고 있다. 만약 여러 징후에 민감히 대처하고 대응책을 마련했더라면 이러한 결과는 막을 수 있었을 것이다.

손자가 전쟁에서 여러 징후를 잘 관찰해 대응하라고 한 것과 일맥상통한다. 만약 전쟁에서 적이 보여주는 사소한 징후를 무시하고 대응을 제대로 못 하면 바로 적의 기습을 받아 위기에 봉착하게 된다. 적이 내비치는 징후를 읽고 적극적으로 대응하는 것이 전쟁에서 승리할 수 있는 길이다. 징후 판단이 그만큼 중요하다!

안테나를 세우세요. 사소한 징후도 놓치지 마세요!

적을 찔러본 뒤
반응을 살펴라

징후 판단을 부지런히 한다고 해도 적의 실질적인 전투 능력과 허실을 모두 판단하기란 대단히 어렵다. 이럴 땐 제6편의 〈허실〉에서 소개한 바 있는 '책작형각策作形角'을 활용한다. 즉, 적을 찔러 그 반응을 보고 적의 허점과 실한 곳을 정확히 알아봐야 한다.

책작형각의 4단계 판단법에서 책지策之는 '이지득실지계而知得失之計'라 했다. 계책을 써서 적의 득실계획을 파악하라는 것이다. 작지作之는 '이지동정지리而知動靜之理'라 했다. 적을 움직이게 해서 적의 배치가 어떻게 되는지 위치를 파악하라는 것이다. 형지形之는 '이지사생지지而知死生之地'라고 했는데, 적이 형태를 나타내게 하여 그들의 배치가 아군에게 유리한지 불리한지 알아내는 것을 말한다.

각지角之는 '이지유여부족지처而知有餘不足之處'라고 했다. 적과 가볍게 부딪혀서 적의 집중과 절약 지점을 알아내고 어디가 대비되어 있고 소홀한지 알아보는 것이다.

角은 먼저 부딪혀 보고 적이 어디가 약하고 집중되어 있는지를 아는 것이다. 그래서 큰 전투 전에 소규모 부대를 보내서 먼저 전투를 해보는 것이다. 그러면 적의 취약점을 알게 된다. 그런 뒤에 집중해서 적의 약점을 공격하는 방법이다.

2003년 일어났던 이라크전쟁은 사담 후세인 정권이 불법으로 대량 살상 무기를 개발하고 테러를 지원함으로써 세계평화를 위협하고 이라크 국민을 억압하기 때문에 이를 무장해제시키기 위한 전쟁이었다. 2003년 3월 20일, 미국과 영국군이 합동으로 이라크를 공격함으로써 시작되었다. 4월 중순에는 바그다드를 함락시켰으며, 공격 후 두 달도 채 지나지 않은 5월 1일에 조지 부시 대통령은 임무 종료를 선언했다.

미국이 파죽지세로 이라크 수도까지 진격해 바그다드를 포위했을 때였다. 미국은 이라크군의 전투 능력과 태세를 알 수가 없었다. 이라크군은 '결사 항쟁한다, 인간 띠를 만들어 방어하겠다'는 방송을 내보내고 있는 상태였다. 상황이 이렇다 보니 큰 피해를 동반하는 도시작전에 무작정 돌입할 수가 없었다. 도시는 군인들과 민간인들이 혼재되어 있고 많은 건물에 지하시설 등이 있어 적들이 숨어서 저항하기 아주 좋기 때문에 미군은 바그다드 점령 작전을 앞두고 고민이 많았다. 그래서 먼저 가볍게 공격해서 이라크군의 상태와 바그다드 방어 상태를 직접 확인하기로 한다.

우선 미군은 이라크군의 태세를 알아보기 위해 4월 5일 전격적으로 일사불란하게 바그다드에 위력수색을 실시한다. 공군기 지원을 받으며

1개 기갑대대로 하여금 4시간 동안 적 근접지역에 들어가 한 바퀴 휘젓고 나오도록 한다. 서울에 비유하면 잠실에서부터 테헤란로를 거쳐 서초까지 돌아보고 나오는 형태였다. 이라크군의 반격을 끌어내 이라크 전력을 파악하기 위한 위력수색이면서 무력시위 성격이었다. 전차를 타고 바그다드 외곽지역을 질주하면서 이라크군을 탐색하고, 무력시위의 효과도 어느 정도 달성했다.

그런데 놀랍게도 이라크군의 저항은 크지 않았다. 그리고 미군의 예상과는 다르게 이라크의 병력과 중화기들은 거의 보이지 않았다. 미군은 이라크군의 상태를 확인할 수 있었다. 이라크 바그다드의 준비상태가 아주 허술하고, 지휘체계가 많이 마비됐음을 파악한 것이다.

이후 한 차례 더 위력수색과 무력시위를 했다. 2차 때 미군은 규모를 여단 규모로 더 늘려 과감하게 바그다드 도심을 향해 진격했다. 미군이 바그다드 외곽에서 바로 이라크 대통령궁까지 진격해 그곳에 머무르기까지 했다. 그러나 이라크군의 저항은 미미했다. 이러한 노력으로 미국은 바그다드의 이라크군 상황과 상태를 명확히 알게 되었다.

이후 미군은 대규모 병력을 투입한 바그다드 점령 작전을 실시했다. 바그다드를 구획화해서 바그다드 점령 작전을 바로 시행했다. 그 결과 쉽게 이라크 수도를 함락시켰다. 손자가 이야기한 소규모 병력으로 적과 부딪혀 보고 적의 허실을 알고 난 후 공격하라는 것을 잘 보여준 사례다.

기업의 신상품 파일럿 테스트

책작형각은 기업에서도 적용할 수 있다. 화장품회사에서는 주기적으로 신상품을 출시한다. 한 번 출시할 때 소량으로 출시해 시장에서 고객의 반응을 세심히 살핀다.

이후 고객의 반응이 좋은 제품은 생산과 마케팅을 집중적으로 하고 고객의 반응이 좋지 않은 것은 더는 상품화하지 않는다. 고객의 반응 중 부정적인 의견은 신상품을 만들 때 반영하여 출시한다. 이러한 것이 일종의 책작형각이라고 할 수 있다.

일단 작게 시도해보세요. 무엇이 부족한지 무엇을 더 준비해야 하는지 얼마나 더 강해져야 하는지 알 수 있습니다.

땅과 하나가 되라

地形

〈지형〉편 개요

'지형地形'이란 말 그대로 '땅의 형상'이며 서로 다른 지형 조건에 따라 달라지는 용병의 원칙을 제시하고 있다. 지형의 형태를 여섯 가지로 분류하고 여섯 가지 지형별 특징과 활용법을 제시했다.

여섯 가지 유형으로 '통형通形, 괘형掛形, 지형支形, 애형隘形, 험형險形, 원형遠形'을 들었다. 통형은 피아 진출이 유리한 곳으로, 먼저 선점하면 유리하다고 한다. 괘형은 진출은 유리하나 복귀가 불리한 지형으로, 성공이 확실할 때만 진출해야 한다. 지형은 피아 진출이 불리한 지형으로 아군 진출은 삼가고 적의 진출을 유도해야 한다. 애형은 산간 협로로 선점 측이 유리하다. 험형은 통행이 곤란하므로 요지 선점을 하도록 노력해야 한다. 만약 적이 선점했다면 진출을 하지 않는 것이 좋다. 원형은 멀리 이격된 전장으로 도전 측이 불리하고 압도적인 전투력을 가졌을 때만 도전해야 한다.

그리고 패병敗兵 6형으로서 전투에 패하는 부대의 여섯 가지 유형을 제시했다. 여섯 가지 유형이란 '주병走兵, 이병弛兵, 함병陷兵, 붕병崩兵, 난병亂兵, 배병北兵'을 말한다. 장수, 간부, 사졸들의 능력과 지휘권 확립과 관련한 내용이 전투력과 직결됨을 강조하고 있다. 그리고 '지피지기 백전불태'를 다른 용어인 '지피지기知彼知己 승내불태勝乃不殆'로 표현했다. 이에 더해 '지천지지知天知地 승내가전勝乃可全'에 관해 자세히 설명한다. 적을 알고 나를 알면 승리가 위태롭지 않고, 여기에 추가해 하늘과 땅을 알면 승리가 온전하다는 의미다.

● 지형에는 여섯 가지가 있다

孫子曰. 地形이 有通者 有掛者 有支者 有隘者 有險者
손자왈 지형 유통자 유괘자 유지자 유애자 유험자

有遠者하니
유원자

我可以往하고 彼可以來를 曰 通이니 通形者는 先居高陽하여
아가이왕 피가이래 왈통 통형자 선거고양

利糧道以戰則利하고
리량도이전즉리

可以往 難以返을 曰 掛니 掛形者는 敵無備어든 出而勝之하고
가이왕 난이반 왈괘 괘형자 적무비 출이승지

敵若有備하여 出而不勝이면 難以返이니 不利하고
적약유비 출이불승 난이반 불리

我出而不利하고 彼出而不利를 曰 支니 支形者는 敵雖利我나
아출이불리 피출이불리 왈지 지형자 적수리아

我無出也하고 引而去之하여 令敵으로 半出而擊之면 利하고
아무출야 인이거지 령적 반출이격지 리

손자가 말하였다. 지형에는 통형通形, 괘형掛形, 지형支形, 애형隘形, 험형險形, 원형遠形이 있다.

나도 가기 쉽고 적도 오기 쉬운 곳을 통형이라 하니, 통형에서는 먼저 높고 양지바른 곳에 있어 양식의 보급로를 이롭게 해두고 싸우면 유리하다.

가기는 쉬우나 돌아오기는 어려운 곳을 괘형이라 하니, 괘형에서는 적이 대비가 없으면 나아가 이기도록 하고 만약 적의 대비가 있어서 나아가 이기지 못하면 돌아오기가 어려우므로 불리하다.

내가 나가도 불리하고 적이 나와도 불리한 곳을 지형이라 하니, 지형에서는 비록 적이 나를 이롭게 하더라도 나가지 말고 오히려 적을 유인하면서 물러나 적에게 반쯤 나오게 한 후 이를 공격하면 유리하다.

隘形者는 我先居之어든 必盈之하여 以待敵하고
애 형 자　　아 선 거 지　　필 영 지　　　이 대 적

若敵이 先居之어든 盈而勿從하고 不盈而從之오
약 적　 선 거 지　　영 이 물 종　　불 영 이 종 지

險形者는 我先居之어든 必居高陽하여 以待敵하고
험 형 자　　아 선 거 지　　필 거 고 양　　　이 대 적

若敵이 先居之어든 引而去之하여 勿從也하고
약 적　 선 거 지　　인 이 거 지　　　물 종 야

遠形者는 勢均하여 難以挑戰이니 戰而不利라.
원 형 자　　세 균　　　난 이 도 전　　　전 이 불 리

凡 此六者는 地之道也오 將之至任이니 不可不察也니라.
범 차 육 자　　지 지 도 야　　장 지 지 임　　　불 가 불 찰 야

애형인 곳, 다시 말해 양측이 산간 협로인 곳에서는 아군이 먼저 장악하면 반드시 충분히 배치하여 적을 맞고,

만약 적이 먼저 장악한 상태에서 충분히 배치되었으면 들어가지 말고, 충분히 배치되지 않았으면 들어가서 싸운다.

험형에서는 아군이 먼저 장악하면 반드시 높고 양지바른 곳을 차지하여 적을 맞이하고,

만약 적이 먼저 장악했으면 유인하면서 물러나야 하며 들어가지 말아야 한다.

원형(피아 멀리 떨어진 곳)에서는 이해득실이 균등하므로 싸움을 걸기가 어려우니 먼저 싸우면 불리하다(적의 도발을 기다려야 한다).

이 여섯 가지는 지형 활용법으로 장수의 중요 임무니 깊이 살펴야 한다.

● 패배에 이르는 여섯 가지 길

故로 兵 有走者 有弛者 有陷者 有崩者 有亂者 有北者하니
고　 병 유 주 자 유 이 자 유 함 자 유 붕 자 유 란 자 유 배 자

凡 此六者는 非天地之災오 將之過也라.
범 차 육 자　　비 천 지 지 재　　장 지 과 야

또 군사에는 주병走兵, 이병弛兵, 함병陷兵, 붕병崩兵, 란병亂兵, 배병北兵이 있는데,

무릇 이 여섯 가지 잘못은 천지가 주는 자연재해가 아니라 장수의 잘못 때문에 생기는 것이다.

夫勢均에 以一擊十曰 走요
부 세 균   이 일 격 십 왈 주

卒强吏弱曰 弛요
졸 강 리 약 왈 강

吏强卒弱曰 陷이요
리 강 졸 약 왈 함

大吏怒而不服하여 遇敵懟而自戰하되 將不知其能曰 崩이요
대 리 노 이 불 복   우 적 대 이 자 전   장 부 지 기 능 왈 붕

將弱不嚴하여 敎道不明하고 吏卒無常하여 陳兵縱橫曰 亂이요
장 약 불 엄   교 도 불 명   리 졸 무 상   진 병 종 횡 왈 란

將不能料敵하여 以少合衆하고 以弱擊强하여 兵無選鋒曰 北니
장 불 능 료 적   이 소 합 중   이 약 격 강   병 무 선 봉 왈 북

凡 此六者는 敗之道也요 將之至任이니 不可不察也니라.
범 차 육 자   패 지 도 야   장 지 지 임   불 가 불 찰 야

여건이 비슷한데 1로써 10을 공격하면 주병(패주, 도피)이요,

사졸들이 강하고 간부들이 유약하면 이병(제어 곤란, 해이)이요,

간부들이 강용하고 사졸들이 겁약하면 함병(함몰, 패망)이라 한다.

장수들이 성을 내며 통제에 불복하고, 적을 만나면 다투듯이 제멋대로 싸우는데, 지휘관이 그들의 능력을 알지 못하면 붕병(붕괴, 와해)이라 한다.

장수가 약하여 위엄이 없고, 가르침이 명백하지 못하며, 장병들에게 일정한 절제가 없고, 전투 대형이 종횡으로 어지러운 것을 난병이라 한다.

장수가 적을 잘 헤아리지 못하여 적은 병력으로 많은 적과 싸우게 하고, 약한 병력으로 강한 적을 공격하게 하여, 정예한 선봉 부대가 남아 있지 않은 것을 배병(패배)이라 한다.

무릇 이 여섯 가지는 패배하는 길로서 장수의 중대한 업무 분야이니 신중히 살펴야 한다.

● 지형활용과 적을 헤아리는 것은 고급지휘관의 책무이다

夫 地形者는 兵之助也니 料敵制勝하고 計險阨遠近은
부 지형자 병지조야 료적제승 계험액원근

上將之道也라.
상장지도야

知此而用戰者는 必勝하고 不知此而用戰者는 必敗라.
지차이용전자 필승 부지차이용전자 필패

무릇 지형이란 용병을 돕는 것이니, 적을 헤아려 승리 태세를 만들어가며, 지형의 험하고 좁음과 멀고 가까움을 운용하는 것은 최고 장수의 책임 분야이다.

이를 알고 용병하면 반드시 이기고, 이를 알지 못하고 용병하면 반드시 패한다.

● 독단활용이 중요하다

故로 戰道必勝이면 主曰無戰이라도 必戰이 可也요
고 전도필승 주왈무전 필전 가야

戰道不勝이면 主曰必戰이라도 無戰이 可也니
전도불승 주왈필전 무전 가야

故로 進不求名하며 退不避罪하고 唯民是保而利於主면
고 진불구명 퇴불피죄 유민시보이리어주

國之寶也라.
국지보야

그러므로 싸움의 정세가 필승일 경우에는 임금이 싸우지 말라 했더라

도 싸우는 것이 용납될 때가 있으며,

싸움의 정세가 이길 수 없을 때는 임금이 반드시 싸우라 했더라도 싸우지 않는 것이 용납될 때가 있다.

그러므로 독단적으로 진격함에 명예를 구하지 않으며, 독단적으로 물러섬에 뒷날의 책임추궁을 감수하고 피하지 않으니, 오직 백성들을 보호하고 임금에게 이롭다면 이는 나라의 보배인 것이다.

● 엄정한 지휘통솔이 중요하다

視卒如嬰兒故로 可與之赴深谿하고 視卒如愛子故로
시 졸 여 영 아 고   가 여 지 부 심 계   시 졸 여 애 자 고

可與之俱死니 愛而不能令하고 厚而不能使하며 亂而不能治면
가 여 지 구 사   애 이 불 능 령   후 이 불 능 사   란 이 불 능 치

譬如驕子라 不可用也니라.
비 여 교 자   불 가 용 야

사졸 돌보기를 어린아이 돌보듯이 한 까닭에 가히 함께 깊은 골짜기로 진격할 수 있으며, 사졸 사랑하기를 자식 사랑하듯이 한 까닭에 가히 생사를 같이할 수 있다. 사랑하기 때문에 명령을 내리지 못하고, 후하게 한다고 일을 시키지 못하며, 어지러워도 다스리지 못한다면, 마치 버릇없는 자식 같아서 쓸 수가 없다.

● 지피지기와 지천지지를 해야 온전한 승리를 이룬다

知吾卒之可以擊하고 而不知敵之不可擊이면 勝之半也요
지 오 졸 지 가 이 격   이 부 지 적 지 불 가 격   승 지 반 야

知敵之可擊하고 而不知吾卒之不可以擊이면 勝之半也요
지 적 지 가 격   이 부 지 오 졸 지 불 가 이 격   승 지 반 야

知敵之可擊하고 知吾卒之可以擊하되 而不知地形之不可以戰이면
지 적 지 가 격   지 오 졸 지 가 이 격   이 부 지 지 형 지 불 가 이 전

勝之半也니
승 지 반 야

故로 知兵者는 動而不迷하고 擧而不窮이라
고   지 병 자   동 이 불 미   거 이 불 궁

故로 曰 知彼知己면 勝乃不殆하고 知天知地면 勝乃可全이니라.
고   왈 지 피 지 기 승 내 불 태   지 천 지 지 승 내 가 전

나의 사졸들에게 공격할 역량이 있음은 알고 있으나, 적에게 이용할 만한 약점이 없음을 알지 못하면 승리의 확률은 반이다.

적에게 이용할 만한 약점이 있음은 알고 있으나, 나의 사졸들에게 공격할 역량이 없음을 알지 못하면 승리의 확률은 반이다.

적에게 공격할 약점이 있음을 알고, 나의 사졸들에게 공격할 역량이 있다는 것까지 알아도 지형여건 상 싸울 수 없음을 알지 못하면 승리의 확률은 반이다.

무릇 용병을 아는 자는 일단 움직이면 혼란되지 않고, 출병해도 곤궁하게 되지 않는다.

그러므로 적을 알고 나를 알면 승리는 위태롭지 않고, 나아가 천시와 지형까지 알 수 있으면 승리는 가히 온전해질 수 있다.

SECRET 19

천시와 지형을 알면
세상은 당신의 편이 된다

손자는 '지피지기知彼知己'면 '백전불태百戰不殆'라고 말했다. 그러나 이것이 전부가 아니다. 지피지기에 더해 '지천지지知天知地'를 해야 한다고도 했다.

《손자병법》의 〈지형〉 편에서는 앞서 나온 '지피지기 백전불태'를 다르게 표현하였으니, '지피지기면 승내불태勝乃不殆'라고 한다. 이 역시 적을 알고 나를 알면 승리는 위태롭지 않다는 뜻이다.

손자는 이 지피지기와 더불어 '지천지지'를 강조하면서 '지피지기면 승내불태요, 지천지지면 승내가전勝乃可戰'이라고 했다. 천天과 지地를 알면 완전한 승리를 할 수 있다는 뜻이다. 다시 말해, 지피지기와 지천지지 모두를 고려한 종합적 사고를 해야 승리가 온전하다고 말하는 것이다.

지피지기가 상대와 나에 관해 아는 것이었다면, 지천지지는 장소와 시기 등 상대와 나를 둘러싼 외부 환경에 대해 아는 것이다.

지천知天은 하늘을 안다는 의미다. 우리가 하늘의 기운이라고 말하는 것, 기상과 큰 정세의 흐름을 아는 것이다. 구체적으로는 〈시계〉 편에 나오는 '도道, 천天, 지地, 장將, 법法'의 '천'에 해당한다. '천'의 요소는 음양陰陽, 한서寒暑, 시제時制이다. 음양은 우연적인 요소나 초자연적인 요소, 한서는 춥고 더움, 즉 기상을 얘기한다. 시제는 때, 즉 시기를 말하는 것이다. 전쟁을 개시할 때인지 물러나야 할 때인지를 고려하는 것도 천을 생각하는 것이다.

지지知地는 땅을 아는 것이다. 쉽게 말해 우리가 아는 지형 요소를 말하는데, '도, 천, 지, 장, 법'의 '지'에 해당된다. 원근遠近, 험이險易, 광협廣狹, 사생死生으로 구성돼 있다. 원근은 멀고 가까움, 험이는 험하고 평탄함, 광협은 넓고 좁음, 사생은 동식물이 살 수 있는 곳인지 아닌지 등의 지리적 여건을 고려하는 것이다.

손자는 이 여섯 가지 지형 유형을 비롯하여, 전투지역에서 생길 수 있는 장병의 심리를 이야기했다. 이와 같이 손자는 일반적인 지형의 특성인 6형과 9지를 아는 것이 지지라고 했다.

지천지지를 따른 명량해전

천天의 측면에서 봤을 때 이순신 장군은 명량에서 결정적인 전투를 해야 한다는 것을 알았기에 열세에도 불구하고 전투를 해서 승리했다.

그럼으로써 전쟁의 판도를 바꿨다.

명량대첩은 이순신 장군이 평상시 벌이던 전투와 성격이 달랐다. 이순신 장군은 항상 이기는 전투만 했다. 아군이 불리하고 수적으로 위태로운 전투는 피하고는 했다. 그러나 명량대첩은 133대 13척[*]으로 엄청난 열세에도 실시한 전투다. 이순신 장군이 스스로 전투 장소를 결정하고 전투를 지휘했다. 부하 장수들은 아군이 너무 열세해서 전투가 불가능하다고 건의하지만 이순신 장군의 생각은 달랐다. 나라의 존망이 달린 절체절명의 시기였기 때문이다. 죽는 한이 있더라도 왜 수군으로부터 서해의 제해권을 지켜내야 했다. 그래서 부하들을 설득시킨다. 이때 유명한 말을 남긴다.

"병법에 이르기를, 반드시 죽고자 하면 살 것이고 반드시 살고자 하면 죽는다고 했다. 또 한 사람이 길목을 맡아 지키면 1,000명을 두렵게 할 수 있다고 했다. 이는 지금 우리를 두고 이른 말이다."

이렇게 해서 명량대첩에 나서게 된다. 승리하기 위해서 이순신 장군은 지地의 측면을 잘 활용해야 했다. 열세한 병력을 극복하기 위해 지형을 자신의 편으로 만들어야 했던 것이다.

《손자병법》에서는 아군이 적보다 약한 전투력을 갖고 있을 때는 좁고 험한 지형이 유리하다고 했다. 이순신 장군은 적의 경로까지 고려해 그러한 장소를 찾아낸다. 울돌목이다. 울돌목은 폭이 약 300미터라 함선 10척이 횡으로 전개하면 꽉 찬다. 왜 수군이 아무리 많아도 제힘을 온전

---

[*] 이순신 장군의 장계에는 조선 수군의 전함이 12척으로 쓰여 있지만, 나중에 1척이 더 발견되어 총 13척의 전함이 전투에 나섰다.

히 발휘하기 어려웠다. 왜군의 함선이 100척이 넘어도 조선 수군과 실제 맞닥뜨리는 함선은 10척 내외였다.

울돌목은 또 물살이 아주 세고 바다 밑 지형도 험했다. 따라서 앞의 선두 대형을 격파하고 불태우면 그 잔재들이 방해물이 돼서 왜군의 조직적인 지휘와 전투 대형 유지를 어렵게 만들 수 있었다.

그리고 울돌목의 조류는 변화한다. 이순신 장군은 이 조류를 전쟁에 활용했다. 당시에는 동력선이 아니라 노를 젓는 방식이었기 때문에 조류의 영향은 매우 컸다. 처음에는 조선 수군에 불리한 북서류였으나 조류 흐름이 이내 아군에게 유리한 남동류로 바뀌어서 전세도 반전시킬 수 있었다. 아울러 이순신 장군은 주민들의 어선 수백 척을 모아 조선 수군의 후방 먼 곳에 배치해 조선 수군이 많아 보이도록 왜군을 속이기도 했다.

그리고 용감히 진두지휘하여 두려움에 떠는 부하들에게 용기를 주었다. 이순신 장군이 이끈 조선 수군은 무려 적선 31척을 불태우고 90여 척의 적선을 파손시켰다. 그리고 전투에 패한 왜군이 물러가자 이순신 장군은 열세한 병력으로 울돌목에서의 방어가 어려움을 알고 바로 철수해 서해안으로 북상해 전투력을 보존했다. 대패한 왜군은 물러간 뒤 자신들이 속았음을 깨닫는다. 그래서 다시 찾아오지만, 조선 수군은 온 데간데없었다. 왜군은 사기도 꺾인 상태인 데다가 추운 겨울이 다가오고 있었기 때문에 서해 북상을 포기한다. 결과적으로 조선은 서해안의 제해권을 지킬 수 있었다.

명량대첩은 결정적 순간을 잘 판단하고 과감히 전쟁의 결단을 내린 이순신 장군의 통찰력이 돋보인 전투다. 지피지기하는 동시에 지천지지까지 종합적으로 고려했기에 이길 수 있었다.

우리가 어떤 일을 하기 전에 전략을 세울 때도 '지피지기 지천지지'는 고려해야 할 매우 중요한 요소다. 나와 상대를 아는 것이 중요하다는 것은 모두 다 알고 있다. 이에 더해 전략을 실행할 장소나 시기 등 다양한 외부 환경까지 고려한다면 일의 승률을 더욱 높일 수 있을 것이다.

나와 상대를 알고 천시와 지형을 알면 세상은 당신 편입니다.

지형과 심리에 따른
다양한 전법을 구사하라

〈구지〉편 개요

〈구지九地〉편에서는 크게 군사력을 운용하는 데 아주 중요한 세 가지를 제시했다.

첫째, 지형 유형이나 상황별로 어떤 전법을 사용해야 할지 잘 제시했다. 아홉 가지 전략적 지리와 상황에 따른 용병법을 제시하고 있다. 아홉 가지 지형이란 '산지散地, 경지輕地, 쟁지爭地, 교지交地, 구지衢地, 중지重地, 비지圮地, 위지圍地, 사지死地'를 말한다. 산지는 자기 영토에서 전투를 하는 상태이므로 사졸들이 고향이나 가족에 연연하여 도주하는 경우가 많으니 될 수 있는 대로 싸우지 말아야 한다. 중지는 적지의 깊숙이 진격한 상태이므로 단결은 잘되나 보급 지원이 어렵다. 이와 같이 아홉 가지 지형의 특성과 지형에 따른 사졸들의 심리, 이를 극복하는 방법이 잘 설명되어 있다.

둘째, 우열 상황별 전법을 제시했다. 아군이 유리할 때와 불리할 때 어떻게 용병을 해야 하는지 제시한다. 아군이 상대보다 불리하면 아군에게 유리한 상황을 조성하고, 그 결과 유리하면 싸우고 불리하면 싸워서는 안 된다고 말한다. 이를 위해서는 적의 단합과 협조, 상호신뢰와 재집결을 방해해야 한다. 그리고 상황의 유불리에 맞게 행동하고, 적이 우세할 때는 기습으로 급소를 탈취하여 주도권을 장악해야 한다.

셋째, 장병의 심리 상태별 전법을 제시하고 있다. 지휘관은 조직을 중국의 상산에 사는 전설의 뱀 솔연처럼 만들어야 한다. 심리적으로 부득이한 상황을 조성하면 솔연처럼 조직이 뭉치게 된다.

군사적 천재들의 용병법은 위 세 가지를 잘하는 것이다. 위 세 가지 중 한 가지라도 잘 모르면 군사적 천재라 할 수 없다고 손자는 말하고 있다.

● 아홉 가지의 전략적 지리와 활용

孫子曰. 用兵之法에 有散地하고 有輕地하고 有爭地하며
손 자 왈 용 병 지 법 유 산 지 유 경 지 유 쟁 지

有交地하고 有衢地하고 有重地하며 有圮地하고 有圍地하고 有死地라
유 교 지 유 구 지 유 중 지 유 비 지 유 위 지 유 사 지

손자가 말하기를 용병법에 산지, 경지, 쟁지, 교지, 구지, 중지, 비지, 위지, 사지가 있다.

諸侯 自戰其地者 爲散之요 入人之地 而不深者 爲輕地요
제 후 자 전 기 지 자 위 산 지 입 인 지 지 이 불 심 자 위 경 지

我得亦利 彼得亦利者 爲爭地요 我可以往 彼可以來者
아 득 역 리 피 득 역 리 자 위 쟁 지 아 가 이 왕 피 가 이 래 자

爲交地요
위 교 지

諸侯之地三屬에 先至而得天下之衆者 爲衢也요
제 후 지 지 삼 속 선 지 이 득 천 하 지 중 자 위 구 야

入人之地深하여 背城邑多者 爲重地요 山林 險阻 沮澤 凡
입 인 지 지 심 배 성 읍 다 자 위 중 지 산 림 험 조 저 택 범

難行之道者 爲圮地요
난 행 지 도 자 위 비 지

所由入者 隘하고 所從歸者 迂하여 彼寡로 可以擊吾之衆者
소 유 입 자 애 소 종 귀 자 우 피 과 가 이 격 오 지 중 자

爲圍地요
위 위 지

疾戰則存하고 不疾戰則亡者 爲死地라.
질 전 즉 존 부 질 전 즉 망 자 위 사 지

각국의 왕들이 자기 땅에서 싸우면 산지라 하며(마음이 이산됨),

적국에 들어가되 그리 깊지 않은 곳을 경지라 한다(마음이 가벼움).

내가 얻어도 유리하고, 적이 얻어도 유리한 곳을 쟁지라 하고,

나도 갈 수 있고(가기 쉽고) 적도 올 수 있는 곳을 교지라 한다.

아국과 적국과 제3국의 국경이 인접한 곳으로서 먼저 가서 점령하면 천하의 백성들을 얻을 수 있는 곳을 구지라 한다(외교·통상의 요지).

적국 깊이 들어가 배후에 적의 성읍이 많이 있는 곳을 중지라 한다.

산림·험한 지형·소택지 등 지나가기 어려운 곳을 비지라 한다.

들어오는 곳이 좁고, 돌아가는 곳이 구불구불하여, 적의 적은 병력으로 나의 우세한 병력을 공격할 수 있는 곳을 위지라 한다(둘러싸인 곳).

속전하면 살지만, 속전하지 않으면 망하는 곳을 사지라 한다.

是故로 散地則無戰하고 輕地則無止하고 爭地則無攻하고
시 고　산 지 즉 무 전　　경 지 즉 무 지　　쟁 지 즉 무 공

交地則無絶하고 衢地則合交하고 重地則掠하고
교 지 즉 무 절　　구 지 즉 합 교　　중 지 즉 락

圮地則行하고 圍地則謀하고 死地則戰하니
비 지 즉 행　　위 지 즉 모　　사 지 즉 전

이러한 까닭에 산지에서는 싸우지 말고, 경지에서는 머물지 말고, 쟁지는 공격하지 말고,

교지에서는 부대의 통행이 끊기지 않도록 하고, 구지에서는 외교 친선에 힘쓰고, 중지에서는 현지 조달에 힘쓰고,

비지에서는 신속히 통과하고, 위지에서는 계책으로 적을 따돌리며, 사지에서는 지체하지 않고 싸워야 하는 것이다.

● 적을 분리하고 약화시켜라

所謂古之善用兵者는 能使敵人으로 前後不相及하고
소 위 고 지 선 용 병 자　　능 사 적 인　　전 후 불 상 급

衆寡不相恃하고
중 과 불 상 시

貴賤不相救하고 上下不相扶하고 卒離而不集하고 兵合而不齊니
귀 천 불 상 구   상 하 불 상 부   졸 리 이 부 집   병 합 이 부 제

合於利而動하고 不合於利而止니라.
합 어 리 이 동   불 합 어 리 이 지

옛날에 용병을 잘한다는 사람은 적에게 앞뒤가 서로 연계되지 못하게
하고, 본대와 소부대가 서로 믿고 의지하지 못하게 하고,

귀천이 서로 구해주지 못하게 하고, 상하가 서로 기대지 못하게 하고,
사졸이 흩어져 모이지 못하게 하고, 집결되어도 정연하지 못하게 하였다.

(이렇게 해서) 유리하면 움직이고, 불리하면 정지하는 것이다.

● 적이 가장 아끼는 곳을 공격하라. 군사작전의 으뜸은 신속함이다

敢問 敵이 衆整而將來면 待之若何면, 曰 先奪其所愛則聽矣리라.
감 문 적   중 정 이 장 래   대 지 약 하   왈 선 탈 기 소 애 즉 청 의

兵之情이 主速이니 乘人之不及하고 由不虞之道하여
병 지 정   주 속   승 인 지 불 급   유 불 우 지 도

攻其所不戒也니라.
공 기 소 불 계 야

"적이 우세하고 정연한 태세로 오면 어떻게 대처하는가?" 묻는다면,

"우선 적이 아끼는 것을 빼앗으면 따르게 되리라"라고 대답할 것이다.

군사작전의 으뜸은 신속함이니, 적이 미치지 못하는 틈을 타 생각하지
도 않는 길을 경유하여 경계하지 않는 곳을 공격해야 한다.

● 원정작전의 요령

凡 爲客之道는 深入則專하여 主人不克이니 掠於饒野하여
범 위 객 지 도   심 입 즉 전   주 인 불 극   략 어 효 야

三軍足食하고 謹養而勿勞하여 幷氣積力하고 運兵計謀하되
삼 군 족 식　　근 양 이 물 로　　병 기 적 력　　운 병 계 모

爲不可測이니라.
위 불 가 측

무릇 원정작전의 요령은, 깊이 들어가면 굳게 뭉치게 되어 적이 대항치

못하는 것이니, 풍요한 농지에서 양곡을 획득하여 전군을 충분히 먹이고,

힘을 비축하고 피로하지 않게 하여 사기를 진작시키며 힘을 축적하고, 군

대를 운영하며 책략을 세우되 가히 예측할 수 없게 하는 것이다.

● 병사들은 막다른 골목에서 전력을 다한다

投之無所往이면 死且不北니 死焉不得士人盡力이리요
투 지 무 소 왕　　사 차 불 배　　사 언 부 득 사 인 진 력

兵士甚陷則不懼하고 無所往則固하고 入深則拘하고
병 사 심 함 즉 불 구　　무 소 왕 즉 고　　입 심 즉 구

不得已則鬪라.
부 득 이 즉 투

是故로 其兵 不修而戒하며 不求而得하며 不約而親하며
시 고　　기 병 불 수 이 계　　불 구 이 득　　불 약 이 친

不令而信하리니
불 령 이 신

禁祥去疑면 至死토록 無所之니
금 상 거 의　　지 사　　무 소 지

吾士 無餘財는 非惡貨也오 無餘命이 非惡壽也라
오 사 무 여 재　　비 오 화 야　　무 여 명 이　　비 오 수 야

令發之日에 士卒坐者 涕霑襟하고 偃臥者 涕交頤하나니
령 발 지 일　　사 졸 좌 자 체 점 금　　언 와 자 체 교 이

投之無所往이면 則諸劌之勇也라.
투 지 무 소 왕　　즉 제 궤 지 용 야

이들을 갈 곳이 없는 곳에 던지면 죽도록 싸우되 도망가지는 않을 것이

니, 죽음에 이르러 어찌 사졸들이 힘을 다하지 않겠는가.

사졸들은 심하게 빠지면 두려워하지 않게 되고, 갈 곳이 없어지면 견고

해지게 되며, 깊이 들어가면 단결하게 되고, 부득이해지면 싸우게 된다.

이러한 까닭에 그 사졸들은 시키지 않아도 경계하며, 요구하지 않아도 따르며, 언약하지 않아도 친해지며, 명령하지 않아도 믿을 것이니,

요상스러움을 금하고 의심스러움을 없애면 죽을 때까지 도망가지 않을 것이다.

나의 사졸들이 재물을 남기지 않음은 재화를 싫어하기 때문은 아니요, 목숨을 아끼지 않음은 목숨을 싫어하기 때문은 아니다.

출동 명령이 내리는 날에 앉아 있는 환자들은 눈물로 옷깃을 적시고, 누워 있는 환자들은 눈물로 턱을 적시게 된다.

이들을 갈 곳이 없는 곳에 투입하면 전제專諸나 조귀曹劌*와 같은 용기를 발휘할 것이다.

● 솔연과 같이 하라

故로 善用兵者는 譬如率然하니 率然者는 常山之蛇也라
고   선 용 병 자   비 여 솔 연   솔 연 자   상 산 지 사 야

擊其首則尾至하고 擊其尾則首至하고 擊其中則首尾俱至니라.
격 기 수 즉 미 지   격 기 미 즉 수 지   격 기 중 즉 수 미 구 지

용병을 잘하는 자는 솔연과 같이 하는 것이니, 솔연이란 상산(중국 5악 산 중 하나)에 사는 뱀으로,

그 머리를 치면 꼬리가 달려들고, 꼬리를 치면 머리가 달려들고. 그 중간을 치면 머리와 꼬리가 다 같이 달려든다.

---

* 전제와 조귀는 《사기》의 〈자객열전〉에 등장하는 대표적인 자객이다.

● 최고 장수의 지휘통솔의 방법

敢問 兵可使如率然乎아 曰 可하니 夫 吳人與越人이 相惡也나
감 문 병 가 사 여 솔 연 호   왈 가   부 오 인 여 월 인   상 오 야

當其同舟而濟라가 遇風이면 其相救也 如左右手하리니
당 기 동 주 이 제   우 풍   기 상 구 야 여 좌 우 수

是故로 方馬埋輪을 未足恃也라
시 고   방 마 매 륜   미 족 시 야

齊勇若一이 政之道也오 剛柔皆得이 地之理也니라.
제 용 약 일   정 지 도 야   강 유 개 득   지 지 리 야

"사졸들도 솔연과 같이 되도록 할 수 있는가?"라고 물으면 "그렇다"라고 답하겠다.

오나라와 월나라 사람들이 서로 미워하는 사이지만, 같은 배로 건너다가 풍랑을 만나면 마치 좌우 양손과 같이 서로 돕게 된다. 말을 묶고 바퀴를 땅에 묻어도 이것보다 더 믿을 수는 없을 것이다.

삼가는 사람과 용감한 자를 하나같이 되게 하는 것이 통솔의 도이며, 굳센 자와 부드러운 자를 모두 다 활용하는 것이 구지의 이치이다.

故로 善用兵者 携手若使一人은 不得已也라
고   선 용 병 자 휴 수 약 사 일 인   부 득 이 야

將軍之事는 靜以幽 正以治하나니
장 군 지 사   정 이 유   정 이 치

能愚士卒之耳目하여 使之無知하고
능 우 사 졸 지 이 목   사 지 무 지

易其事 革其謀하되 使人無識하고
역 기 사 혁 기 모   사 인 무 식

易其居 迂其途하되 使人不得慮하며
역 기 거 우 기 도   사 인 부 득 려

帥與之期하되 如登高而去其梯하며
수 여 지 기   여 등 고 이 거 기 제

帥與之深入諸侯之地 而發其機하되 若驅群羊하여
수 여 지 심 입 제 후 지 지 이 발 기 기   약 구 군 양

驅而往하고 驅而來하되 莫知所之니
구 이 왕   구 이 래   막 지 소 지

聚三軍之衆하여 投之於險은 此 將軍之事也라
취 삼 군 지 중 투 지 어 험 차 장 군 지 사 야

九地之變과 屈伸之利와 人情之理를 不可不察也니라.
구 지 지 변 굴 신 지 리 인 정 지 리 불 가 불 찰 야

그러므로 용병을 잘하는 자가 사졸들의 손을 묶어 마치 한 사람을 부리 듯 하는 것은 부득이하게 만들기 때문이다.

장수의 일은 고요해서 어둠 속 같고, 올바르게 해서 다스리는 것이니,

사졸들의 눈과 귀를 어리석게 만들어 아는 것이 없게 하고(복종 유도),

일을 바꾸고 계획을 고치되 남들이 알지 못하게 하고,

주둔지를 바꾸고 길을 빙 돌아가되 남들이 헤아리지 못하게 하며,

이끌어서 결전을 기하되 마치 높은 곳에 오르게 하고 사다리를 치워버 리듯 하며,

이끌고 적국 깊숙이 들어가 전기를 발동하되 마치 양 떼를 몰듯이 하여 몰아가고 몰아 오되 가는 곳을 알지 못하게 하나니,

전 병력을 집결시켜 위험한 곳에 투입하는 것은 장수가 해야 할 주요 업무이다.

구지의 변화(상황별 지형 활용)와 신축성의 이로움(우열에 따른 전력 운 용)과 심리적 변화의 이치 등은 살피지 않을 수 없는 것이다.

● 원정작전에서의 부하 통솔

凡 爲客之道 深則專하고 淺則散이니
범 위 객 지 도 심 즉 전 천 즉 산

去國越境而師者는 絶地也요 四達者는 衢地也요
거 국 월 경 이 사 자 절 지 야 사 달 자 구 지 야

入深者는 重地也요 入淺者는 輕地也요
입 심 자 중 지 야 입 천 자 경 지 야

背固前隘者는 圍地也요 無所往者는 死地也라
배 고 전 애 자 위 지 야 무 소 왕 자 사 지 야

是故로 散地어든 吾將一其志하고
시 고 산 지 오 장 일 기 지

輕地어든 吾將使之屬하고
경 지 오 장 사 지 속

爭地어든 吾將趨其後하고
쟁 지 오 장 추 기 후

交地어든 吾將謹其守하고
교 지 오 장 근 기 수

衢地어든 吾將固其結하고
구 지 오 장 고 기 결

重地어든 吾將繼其食하고
중 지 오 장 계 기 식

圮地어든 吾將進其途하고
비 지 오 장 진 기 도

圍地어든 吾將塞其闕하고
위 지 오 장 색 기 궐

死地어든 吾將示之以不活이니라.
사 지 오 장 시 지 이 불 활

故로 兵之情이 圍則禦하고 不得已則鬪하고 逼則從이라.
고 병 지 정 위 즉 어 부 득 이 즉 투 핍 즉 종

무릇 원정군의 입장은 깊이 들어가면 단결되고 얕게 들어가면 마음이 흩어지는 것이니,

나라를 떠나 국경을 넘어 작전하는 것은 절지요, 사방이 트인 곳은 구지요, 적국 깊이 들어간 곳은 중지요, 얕게 들어간 곳은 경지요, 뒤가 막히고 앞길이 좁은 것은 위지요, 갈 곳이 없는 곳은 사지라 한다.

이런 까닭에 산지에서는 그 마음을 하나로 단결시켜야 하고,

경지에서는 각 부대 간의 결속을 긴밀히 하고,

쟁지에서는 적의 배후로 진출해야 하고,

교지에서는 수비를 엄중히 해야 하고,

구지에서는 외교관계를 긴밀히 하고,

중지에서는 식량 조달을 지속시켜야 하고,

비지에서는 신속히 통과해야 하고,

위지에서는 탈출로를 봉쇄해야 하고,

사지에서는 살아남을 수 없음을 보여주어야 한다.

병사들의 마음은 포위되면 스스로 방어하고, 부득이하면 싸우고, 궁핍하면 장수의 말에 따른다.

● 패왕지병의 용병술

是故로 不知諸侯之謀者는 不能豫交하고
시 고　부 지 제 후 지 모 자　　불 능 예 교

不知 山林 險阻 沮澤之形者는 不能行軍하고
부 지 산 림 험 조 저 택 지 형 자　　불 능 행 군

不用鄕導者는 不能得地利하나니
불 용 향 도 자　불 능 득 지 리

四五者에 一不知면 非霸王之兵也라
사 오 자　일 부 지　비 패 왕 지 병 야

夫 霸王之兵은 伐大國則其衆不得聚하고
부 패 왕 지 병　벌 대 국 즉 기 중 부 득 취

威可於敵則其交不得合이니
위 가 어 적 즉 기 교 부 득 합

是故로 不爭天下之交 不養天下之權하고
시 고　부 쟁 천 하 지 교 불 양 천 하 지 권

信己之私威하여 加於敵하여 故로 其城可拔이오 其國可隳요
신 기 지 사 위　　가 어 적　　고　　기 성 가 발　　기 국 가 휴

施無法之賞하고 縣無政之令하며
시 무 법 지 상　현 무 정 지 령

이런 고로 제3국의 계략을 모르면 사전 외교관계를 맺을 수 없고,

산림·험난한 지형·소택지 등의 지형을 알지 못하면 행군할 수 없고,

지역 안내자를 이용하지 않으면 지형의 이점을 얻을 수 없다.

구지 중에 하나라도 모르면 천하의 패권을 다툴만한 군대가 못 된다.

무릇 패왕의 용병은 대국을 정벌하게 되면 그 대국이 미처 군대를 소집 시키지 못하게 되고, 압도적인 위세를 적국에 가하면 그 나라가 외교관계 를 갖지 못하게 된다.

이런 까닭에 천하의 외교 문제를 다투지 않고, 적대세력을 키우지도 않 고, 자신의 위세를 펼쳐서 적에게 작용케 하는 것이다.

그리하여 적의 성도 함락할 수 있고, 적국도 무너뜨릴 수 있다. 규정에 없는 후한 상도 주고, 특별한 정치 훈령을 내걸기도 한다.

犯三軍之衆하되 若使一人하며
범 삼 군 지 중   약 사 일 인

犯之以事하고 勿告以言하며 犯之以利하고 勿告以害니라.
범 지 이 사   물 고 이 언   범 지 이 리   물 고 이 해

投之亡地 然後에 存하고 陷之死地 然後에 生이니
투 지 망 지 연 후 존   함 지 사 지 연 후 생

夫衆陷於害然後에 能爲勝敗니라.
부 중 함 어 해 연 후 능 위 승 패

전군의 장병을 다스림이 마치 한 사람 부리듯 할 수 있으며,

실행으로써 다스리고 말로써 다스리지 않으며, 포상의 이익으로써 다 스리고 처벌의 위협으로 다스리지 않는다.

망할 처지에 던져진 후에야 살아남을 수 있고, 죽을 처지에 빠진 후에 야 살아날 수 있으니,

대체로 사졸들이 위험에 빠진 후에야 승패를 잘 다룰 수 있다.

● 적진속에서의 기동전 수행 요령

故로 爲兵之事는 在於順詳敵之意하고
고   위 병 지 사   재 어 순 상 적 지 의

幷力一向_{하여} 千里殺將_{이니} 是謂 巧能成事_라
병 력 일 향　　　천 리 살 장　　　시 위 교 능 성 사

是故_로 政擧之日_에 夷關折符_{하여} 無通其使_{하고}
시 고　　정 거 지 일　　이 관 절 부　　무 통 기 사

勵於廟堂之上_{하여} 以誅其事_{하고}
려 어 묘 당 지 상　　이 주 기 사

敵人開闔_에 必亟入之_{하여} 先其所愛 微與之期_{하여} 踐墨隨敵
적 인 개 합　　필 극 입 지　　선 기 소 애 미 여 지 기　　천 묵 수 적

以決戰事_라
이 결 전 사

是故_로 始如處女_{라가} 敵人開戶_{어든} 後如脫兔_면 敵不及拒_{니라.}
시 고　　시 여 처 녀　　적 인 개 호　　후 여 탈 토　　적 불 급 거

그러므로 전쟁이란 일은, 적의 의도에 따라 순순히 응해주다가,

(때가 되면) 힘을 한 방향으로 집중하여 천 리 밖에 있는 적장까지 죽이는 것이니, 이를 일러 교묘히 일을 이루는 것이라고 한다.

이런 까닭에 전쟁이 결정된 날에는 국경 관문의 통행증을 폐지하여 적국의 사신이나 첩자를 통행시키지 않고,

조정회의에서 전의를 독려해서 전쟁의 일을 엄히 단행한다.

적이 여닫음에 따라 재빠르게 들어가서, 처음에는 적이 좋아하는 바를 조금씩 주다가, 병법과 적의 움직임에 따라 싸움을 결행한다.

이런 까닭에 처음에는 처녀처럼 얌전하다가 적이 문을 열면 도망가는 토끼처럼 신속히 공격하면 적이 미처 막지 못한다.

지형에 따른 심리에
주목하라

우리는 어느 장소에 있느냐에 따라 마음 상태가 달라진다. 음식점이 많은 거리를 지나면 먹고 싶은 마음이 생기고, 쇼핑몰에 가면 무언가를 사고 싶은 마음이 든다. 놀이터에 가면 놀고 싶고, 도서관에 가면 책을 읽고 싶어진다. 기도도 집에서 하는 것보다 교회나 사찰이나 성당에 가면 더 잘 되는 경우가 많다. 장소는 사람 마음에 큰 영향을 끼친다.

이렇듯 손자는 전쟁할 때에도 전투 지형에 따라 장병들의 마음이 달라진다고 했다. 그래서 지형마다 달라지는 장병들의 마음을 읽고 그에 합당한 리더십과 전법을 구사해야 한다고 강조했다.

그러면서 아홉 가지 전쟁 지역에 따른 장병의 마음의 변화와 이에 따른 고려 요소 그리고 전법을 제시했다. 9지九地는 산지散地, 경지輕地, 쟁지爭地, 교지交地, 구지衢地, 중지重地, 비지圮地, 위지圍地, 사지死地를 말한다.

산지는 자기 영토 내에서 전쟁을 하는 상태이다. 본국에 머물기 때문에 고향이 가깝고 또 가족이 가까이 있어서 혹시 가족들이 피해를 입으면 어떡하나 하는 걱정을 하게 되고, 길을 잘 알아서 탈영하고 싶은 마음이 생기기 쉽다. 그래서 장병들의 마음이 산란해지고 전쟁에 집중하기 어렵다. 이런 곳에서 싸우면 불리하다. 따라서 이런 곳에서 전쟁을 할 경우, 지휘관들이 장병들의 마음을 뭉치는 데 유의해야 한다.

경지는 국경선을 넘어 적지에 얕게 들어가 전투하는 상태이다. 국경을 건너서 얼마 안 들어갔기 때문에 그쯤에서 전쟁을 그만두고 집에 갔으면 하는 생각을 한다. 장병들의 입장에서는 퇴각을 희망하는 마음이 크다. 그래서 장수들은 이러한 경우 정지하지 말고 적국 깊숙이 들어가서 전투를 하는 것이 좋다. 이런 곳에서 전투를 할 경우, 장수들은 부대 단결을 추구하면서 장병들의 전열 이탈을 방지하는 방안을 강구하여야 한다.

중지는 국경선을 넘어 적진에 깊숙이 진격한 상태다. 여기서 지면 본국으로 돌아가기 어렵다는 위기감을 전부 공감한다. 그래서 단결과 전의가 강화되기 쉽다. 그런데 보급품을 계속 유지한다는 것이 어렵다는 느낌을 받게 된다. 그래서 보급문제를 해결하기 위해 노력해야 한다. 즉, 식사를 계속할 수 있도록 해야 하고, 힘을 기르고 피로하지 않게 해야 한다. 전투력이 보존되도록 해야 한다.

쟁지는 선점하면 유리한 시형으로 서로 차지하려고 싸우는 지형이다. 선점하고 고수해야 한다는 마음이 강하다. 적이 선점했을 때에는 직접공격을 삼가고 대신 병참선을 차단해서 적이 그곳에 지속적으로 머무르기 어렵게 만드는 것이 좋다.

교지는 피아진출이 유리한 지형이라 의지할 지형의 이점이 없어 전투력 우세만이 승산를 보장한다. 그래서 증원부대와 증원 준비를 갖춘 가운데 병참선을 잘 유지하여야 한다.

구지는 여러 나라가 통하는 요지로 전략 외교상 중요한 지역이다. 이러한 지역을 차지하게 되면, 주변국과 외교 활동하기가 쉬워서 내가 빼앗으면 상대방은 고립된다. 신라와 백제가 싸울 때 인천과 황해도 일대가 당나라 산둥반도와 연결되는 구지였다. 신라가 그곳을 점령하면 백제가 고립되고 백제가 그곳을 점령하면 신라가 고립됐다. 그래서 삼국시대 한강 유역을 차지하는 나라가 강해졌다. 삼국시대 전체 기간을 통해 고구려, 백제, 신라가 한강 유역을 차지하는 것을 놓고 수많은 전쟁이 벌어졌다. 이러한 곳을 점령하면 친선외교관계를 유지하는 게 좋다.

그리고 비지는 푹푹 빠지는 땅으로 통행이나 숙영이 부적합한 땅이다. 머물기 곤란한 땅을 말한다. 장기체류를 하면 불리하므로 빨리 벗어나야 한다.

위지는 출입이 곤란하기 때문에 대부대의 이점이 발휘가 어려운 땅이다. 출입이 곤란하고 적이 에워싸거나 하면 들어가기도 나오기도 어렵다. 대부대가 이점을 발휘하기 곤란한 지형인 것이다. 이런 곳에서는 마음이 조급하고 불안해 져서 도망가려는 마음이 생기기 쉽다. 그래서 빨리 대책을 마련해야 한다. 그리고 상대편이 이런 곳에서 도주로를 터 줄 경우, 그 도주로를 스스로 봉쇄해서 단합을 유지해야 한다.

사지는 시간이 지날수록 불리할 뿐만 아니라 벗어나기도 어려운 지형이다. 이러한 지형에서는 장병들은 절망감과 투지가 교차한다. 절망하다가도 힘을 합쳐서 싸워야겠다는 의지도 다시금 생긴다. 그래서 살 방법을 모색하는데 싸워서 이기는 것 외에는 살 방법이 없다고 선언을 함으로써 오히려 투지가 살아나는 경우가 있다.

한신의 정형구 전투

전쟁을 할 때 전투지역에 따른 장병들의 심리상태를 잘 이해하고 그 것에 합당한 전법을 구사하여 승리한 사례가 있다. 초한전쟁 중 한신의 정형구 전투이다.

정형구 전투는 진나라 말 초한전쟁 중 한나라 장군 한신이 초나라에 복속해 있는 조나라와 맞붙은 전쟁이었다. 한신은 3만 명이라는 수적 열세에도 불구하고 조나라 20만 대군과 싸워 대승을 거둔다. 어떻게 한 신군은 엄청난 병력의 조나라를 이길 수 있었던 것일까? 그 비결은 손 자가 이야기한 전투지역에서의 장병들의 심리를 잘 이해하고 그것에 합당한 전법을 사용한 데 있다.

한나라 한신이 사용한 전법은 배수진이었다. 원래 전투를 할 때는 산 을 등지고 싸우는 것이 유리하다. 전투를 하다가 불리하면 산으로 후퇴 하여 전투력을 보전하기 용이하기 때문이다. 그래서 배수진을 치면 불 리하다. 배수진이란 진지를 편성할 때 강을 등지고 군대를 배치하는 것 을 말한다. 강을 등지고 부대를 배치하면 물러설 땅이 없다. 싸워서 지 면 모두 물에 빠져 죽는다.

하지만 배수진은 물러날 곳이 없어 마치 궁지에 몰린 쥐가 죽기 살기로 고양이에 덤비듯이 단합하여 온 힘을 다해 싸울 수 있다. 손자는 모든 것에는 양면성이 있으므로 이로움과 해로움을 모두 보라고 한 것처럼, 한신 장군은 배수진의 이로움과 해로움을 보았다. 그래서 이로움을 극대화하고 해로움을 줄이기 위한 방책을 쓰게 된다. 정형구 전투를 자세히 설명해보겠다.

정형구 전투는 기원전 204년 10월, 한신이 3만 명의 군사를 이끌고 조나라를 공격해 들어갈 때 정형구에서 벌어진 전투다. 정형구는 지금의 화북성 정형현 북쪽에 위치한 곳이다. 이 정형구의 형은 산맥이 끊긴 곳으로 두 산 사이가 좁게 형성되어 입의 형태를 한 곳이다. 지키기는 쉽고 공격하기는 어려운 천혜의 험지다.

조나라의 왕 조헐과 승상 진여는 한나라 한신이 쳐들어온다는 소식에 군사를 모으고 정형구에 군대를 집결시킨다.

이때 신하 이좌거가 승상 진여에게 자신에게 군사 3만 명을 주면 한신의 후방 보급로를 차단하겠다고 건의한다. 정형구의 좁은 목으로 한신군의 본대가 들어오면 조나라군이 앞뒤로 한신군을 포위할 수 있는 형국이라 쉽게 이길 수 있다는 것이었다. 그러나 조왕 조헐과 승상 진여는 받아들이지 않는다. 조나라 왕 조헐은 적의 병력은 적은데 대군으로서 그러한 기책을 쓰면 제후국의 제후로부터 웃음거리가 된다고 염려했다.

조나라 조헐과 승상 진여가 이좌거의 제안을 거절했다는 소식을 첩보를 통해 들은 한신은 아주 기뻐했다. 그리고 작전을 세운다. 당시 한신이 갖고 있던 3만 병력은 훈련이 잘 안 되어 있던 병력이었다. 이러한 병력이 죽기 살기로 싸우게 하기 위해 한신이 생각한 방도는 그들을 사지로 몰아넣는 것이었다. 바로, 배수진을 치는 것이었다.

사실 물을 등지고 싸우는 것은 병법서에서 권장하지 않는 방법이다. 하지만 후퇴하면 강물에 빠져 죽으니 어차피 죽을 바에야 죽기 살기로 싸우게 되는 것이다. 한신은 바로 그 점을 노려 훈련이 안 된 병력을 단합시키고 열심히 싸우게 만들기로 한다. 그래서 정형구 앞 큰 강을 건너서 1만 명의 병력을 배수진으로 배치한다. 그리고 한신은 병력 2,000명에게 은밀히 조나라 성 외곽 숲에 침투하도록 해 매복시킨다.

한편, 조나라 측은 한신이 배수진을 치는 것을 보고 병법도 모른다고 조롱했다. 이러한 가운데 한신이 대장기를 높게 들고 직접 병력을 끌고 조나라 성에 공격을 가한다. 아주 치열한 접전이 벌어졌다. 그러면서 한신이 조금씩 후퇴를 한다. 그리고 배수진을 치고 있는 병력과 합류해서 사투를 벌인다. 한신이 예상했던 대로 뒤에 강을 등지고 있다 보니 훈련이 안 된 한신의 병력도 죽을 각오로 싸웠다.

반대로 조나라 측에선 조금만 더 밀어붙이면 한신군을 전멸시킬 수 있겠다고 판단했다. 이에 조나라 성안의 모든 병력이 나와서 전투를 벌인다. 성이 빈틈을 타 미리 성 가까이에 매복해 있던 한신의 2,000명의 병력이 순식간에 조나라의 성을 점령하고, 성곽 여러 곳에 한나라의 붉은 깃발로 바꿔 달았다. 그리고 북과 징소리를 내기 시작했다.

이 소리에 뒤를 돌아본 조나라의 군사들은 놀랄 수밖에 없었다. 이미 그들의 성이 함락되어 있었던 것이다. 이를 본 조나라 군사들은 앞뒤로 적과 싸워야 하는 상황이 되었다. 조나라 군사들은 사기가 급격히 떨어지고 공황이 발생해 전의를 상실하여 탈영병이 생기기 시작했다. 이 여세를 몰아 한신은 앞뒤에서 공격함으로써 조나라 20만 명을 무너뜨린다. 결국 한신은 조나라 왕과 신하 이좌거를 잡게 되고 승리를 하게 된다. 한신은 지형에서의 심리를 잘 이용했다.

훈련되지 않은 인원들을 배수진을 침으로써 단합할 수 있게 했고, 또역으로 조나라 군사들에게 한신군은 병법도 모르는 군으로 인식시켜자만심을 심어주었다. 적은 병력이 배수진을 치니 단숨에 무너뜨릴 수있다고 생각하게끔 유도한 것이다. 그래서 조나라 측은 성안에서 전투하면 유리한데도 전 병력이 성 밖으로 나오도록 이끌었다.

그런데 한신이 배수진만 활용했으면 아마 쉽게 승리하지 못했을 것이다. 이에 더해 기습 병력으로 방비가 허술해진 성을 공격했다. 성을함락시키고 조나라군을 앞뒤로 압박하면 조나라 군사들의 사기는 절로무너질 것이라는 심리를 잘 이용한 전법이다.

손자가 말한 것처럼 지형에 따른 심리의 차이가 있고, 그 심리에 따라다양한 전법을 구사해야 한다는 예시가 잘 드러난 사례라고 할 수 있다.

제3의 공간을 제공한 스타벅스

우리 일상의 행복도 장소나 공간에 영향을 많이 받는다. 행복은 개개인에 따라 차이가 있지만, 도시나 마을, 기업이나 조직별로 행복지수가평균적인 차이를 보인다. 이렇게 행복지수가 차이가 나는 이유를 조사해보면 여러 가지 원인이 있겠지만 중요 요인 중 하나를 꼽으라면 공간의 문제라고 할 수 있다.

'제3의 공간'을 많이 가지고 있는 도시나 마을, 회사 사람들의 경우

행복지수가 높아진다. 우리는 주로 많은 시간을 두 개의 공간에서 보낸다. 일터와 가정이다. 제3의 공간은 일터와 가정이 아닌 다른 공간을 의미한다. 이 제3의 공간은 일터보다는 자유로운 공간이다. 제3의 공간은 사람에 따라 카페, 헬스장, 공원, 도서관, 종교시설, 레스토랑, 노래방 등이 될 수 있다. 혹은 취미활동을 하는 공간이 될 수도 있다.

이러한 제3의 공간에서 활동을 하는 시간이나 횟수가 많으면 그렇지 않은 사람보다 행복지수가 높은 경향이 있다. 휴일 집에 온종일 있기보다 집을 나와 외식이나 운동이, 종교활동을 하면 기분이 좀 더 좋아지는 경험을 모두 해보았을 것이다. 늘상 집과 일터만 오가는 일과보다 공원에서 산책이나 운동을 한다든가, 친한 사람과 식사를 하거나 차를 마시면서 대화를 나눈다든지, 취미활동을 한두 시간 할 때 행복지수가 올라간다는 것이다.

이러한 제3의 공간의 개념을 도입하여 성공한 기업이 있다. 바로, 스타벅스다. 스타벅스는 커피만을 파는 것이 아니라 문화공간을 제공한다는 새로운 개념을 만들어냈다. 고객들에게 제3의 공간을 제공한 것이다. 스타벅스는 매장의 인테리어를 사람들이 편안함을 느낄 수 있게 각별히 신경을 쓴다. 그리고 자리에 콘센트를 두어 일명 '카공족'들, 공부를 하기 위해 카페에 오는 사람들도 적극적으로 받아들였다. 사람들이 편안하게 생각하고 자주 찾는 심리를 잘 이해하고 그런 공간을 커피숍에 접목한 것이다. 이런 전략은 주효했다. 사람들이 스타벅스로 몰리기 시작했고 스타벅스는 커피점의 선두주자로 우뚝 설 수 있었다.

그뿐 아니라 '스세권'이란 신조어를 만들어냈다. 스세권이란 스타벅스와 역세권을 합한 말이다. 스타벅스를 걸어서 갈 수 있는 지역을 스세권이라 한다. 스타벅스가 입점하면 그 주변 지역의 부동산 가치가 올라가는 경향을 보인다. 스타벅스는 매장 입지를 좋게 하려고 오로지 출점만을 담당하는 부동산팀을 담당한다. 이 팀들은 스타벅스 매장의 효율을 분석해 건물주와의 계약과 관련된 일을 맡는다.

스타벅스의 입점 기준은 다른 기업과 다르다. 상가는 좋은 몫에 있어야 한다는 것이 일반적인 통념이지만, 스타벅스는 이와 조금 다른 전략을 쓴다. 스타벅스 특유의 문화를 이해할 수 있는 입지를 만들어낸다는 전략이다. 스타벅스 신규매장은 스타벅스 자체 기준에 따라 수요가 있다고 판단되는 곳에 낸다.

권리금이 있는 상가엔 일절 들어가지 않고, 골목상권을 보호하기 위해 골목에는 점포를 내지 않고 대로변에만 낸다. 일반적으로 보통의 커피숍이라면 거리 개념을 갖고 몇백 미터 이내에는 같은 회사의 가맹점을 안 내는 것이 상식인데 스타벅스는 주변에 기존 스타벅스 매장이 있다 해도 새로 생긴 빌딩에 커피 수요가 충분하다면 그 빌딩만을 위한 매장을 새로 내기도 한다.

스타벅스는 현재 커피 업계에서 독보적인 위치를 확보하고 있다. 손자가 얘기하는 지형과 공간에 따른 마음의 차이를 어느 기업보다도 잘 이해하고 활용하고 있는 기업이다.

❗

지금, 일상의 공간을 행복한 환경으로 디자인해보세요.

화력전으로 적을 마비시켜라

火攻

〈화공〉 편 개요

'화공火攻'이란 '불로 적을 공격하는 전술'을 말하는데 고대 전법 중에서 중요한 특수 작전 중의 하나였다. 화공의 원칙과 방법을 설명하는 장이므로 〈화공〉 편으로 이름을 붙였다.

화공에는 다섯 가지가 있다. '화인火人, 화적火積, 화치火輜, 화고火庫, 화대火隊'가 그것이다. 화인은 불로써 사람에게 피해를 주는 것이다. 화적은 쌓아 놓은 보급품을 태우는 것이고, 화치는 보급품 수레를 태우는 것이다. 화고는 창고를 태우는 것이고, 화대는 부대 대형을 태우는 것이다. 그리고 화공을 하기 위해서는 실시조건이 충족되어야 한다. 화공장비와 인화물이 있어야 하고, 건조한 계절과 시기, 강풍이 부는 때, 적의 위치가 화공에 용이한 지역이어야 한다.

화공과 수공水攻 중 화공을 중요시해 별도의 편으로 만들어 화공과 비교하여 설명하고 있다. 그리고 뒷부분에 전후처리, 즉 논공행상論功行賞과 개전開戰의 신중성을 강조하고 있다. 전쟁은 신중하게 실시해야 한다. 왕의 일시적인 생각으로 전쟁이나 전투를 시작해서는 패망을 초래한다. 냉철하게 판단 후 결정해야 한다.

● 화공작전의 종류

孫子曰, 凡 火攻에 有五니
손 자 왈 범 화 공 유 오

一曰火人 二曰火積 三曰火輜 四曰火庫 五曰火隊라
일 왈 화 인 이 왈 화 적 삼 왈 화 치 사 왈 화 고 오 왈 화 대

行火에 必有因하고 煙火를 必素具하며
행 화 필 유 인 연 화 필 소 구

發火有時하고 起火有日하니
발 화 유 시 기 화 유 일

時者는 天之燥也요 日者는 月在 箕 壁 翼 軫也니
시 자 천 지 조 야 일 자 월 재 기 벽 익 진 야

凡 此四宿者는 風起之日也라.
범 차 사 숙 자 풍 기 지 일 야

손자가 말하였다. 무릇 화공에는 다섯 가지가 있다.

첫째는 사람에게 불로써 피해를 주는 것이요, 둘째는 쌓아놓은 보급품을 태우는 것이요, 셋째는 보급품 수레를 태우는 것이요, 넷째는 창고를 태우는 것이요, 다섯째는 부대 대형을 태우는(교란하는) 것이다.

화공을 행함에는 조건을 구비해야 하고, 불을 붙이는 데는 도구를 갖추어야 하며,

불을 붙임에는 시기가 있고 불을 일으킴에는 날이 있다.

불붙일 시기란 기후가 건조한 때요, 날이란 달이 기·벽·익·진이란 별자리에 있을 때이니,

이 네 별자리는 바람이 일어나는 날이다.

● 화공작전의 다섯 가지 원칙

凡 火攻이 必因五火之變 而應之니
범 화공   필인오화지변 이응지

火發於内어든 則早應之於外하되
화발어내   즉조응지어외

火發而其兵이 靜者는 待而勿攻하고
화발이기병   정자 대이물공

極其火力하여 可從而從之하고 不可從而止하며
극기화력   가종이종지   불가종이지

火可發於外어든 無待於内하고 以時發之니
화가발어외   무대어내   이시발지

火發上風하고 無攻下風이요 晝風久면 夜風止니라.
화발상풍   무공하풍   주풍구   야풍지

대개 화공은 반드시 다섯 가지 법칙에 따라 대처해야 하니,

불이 적진 내부에서 일어나면 일찍 밖에서 호응하되,

불이 났는데도 적병이 조용하면 (계략이 있는지 모르니) 기다리며 공격하지 말고,

불길이 치열해진 후에 공격할 만하면 공격하고, 아니면 중지해야 한다.

적진 밖에서 불을 지를 수 있으면 내부 동정을 기다리지 말고 때에 맞게 불을 질러야 한다.

불은 바람의 머리 쪽에서 질러야 하며, 바람 아래쪽에서 공격해가지 말며, 낮바람이 길면 밤바람은 멎는 법이다.

凡 軍이 必知五火之變하여 以數守之라
범 군   필지오화지변   이수수지

故로 以火佐攻者 明이요 以水佐攻者 强이니 水可以絶이요
고   이화좌공자 명   이수좌공자 강   강수가이절

不可以奪이라.
불가이탈

전투 부대는 반드시 화공의 다섯 가지 변화법을 알고 헤아려 따라야 한다.

따라서 불을 공격에 이용하는 자는 총명해야 하고, 물을 공격에 이용하는 자는 강해야 한다. 물은 가히 적을 고립시킬 수는 있으나, 가히 전멸시킬 수는 없다.

● 전후처리는 대단히 중요하다

夫 戰勝攻取 而不修其功者는 凶이니 命曰費留라
부 전 승 공 취 이 불 수 기 공 자   흉   명 왈 비 류

故로 曰 明主 慮之하고 良將이 修之니라.
고   왈 명 주 려 지   량 장   수 지

무릇 싸워 이기고 공격에 성공하고서도 그 공로를 포상하지 않으면 흉할 것이니, 이름하여 비류(쓸데없이 경비만 쓰는 것)라 한다.

고로 현명한 임금은 이를 고려하고, 훌륭한 장수는 이를 처리한다.

● 위험하지 않으면 전쟁을 삼가라

非利不動하며 非得不用하며 非危不戰이니
비 리 부 동   비 득 불 용   비 위 부 전

主不可以怒而興師요 將不可以慍而致戰이라
주 불 가 이 노 이 흥 사   장 불 가 이 온 이 치 전

合於利而動 不合於利而止니
합 어 리 이 동 불 합 어 리 이 지

怒可以復喜요 慍可以復悅이나 亡國不可以復存이요 死者
노 가 이 복 희   온 가 이 복 열   망 국 불 가 이 복 존   사 자

不可以復生이라
불 가 이 복 생

故로 曰 明主 愼之 良將 警之하나니 此는 安國全軍之道也니라.
고   왈 명 주 신 지 량 장 경 지   차   안 국 전 군 지 도 야

이로움이 아니면 움직이지 않으며, 이득이 있지 않으면 용병하지 말아

야 하며, 위험하지 않으면 전쟁을 하지 말아야 한다.

임금은 분노로 인해 군사를 일으켜서는 안 되며, 장수는 성난 일로 인해 전투에 끌려들어 가서는 안 된다.

이익에 합치되면 움직이고, 이익에 합치되지 않으면 중지해야 한다.

분노는 다시 기쁨이 될 수 있고 성난 것은 다시 즐거워질 수도 있으나, 망국은 다시 살아날 수 없고 죽은 자는 다시 살아날 수 없다.

그러므로 현명한 임금은 이를 삼가고 훌륭한 장수는 이를 경계하는 것이니, 이것이 국가를 안정되게 하고 군대를 보전하는 길이다.

손자시대의 화공 vs. 현대전의 화공

일본인들이 태평양전쟁 때 핵폭탄만큼이나 두려워한 것이 있다. 바로 미국의 화공 폭격이다. 미국은 불을 내는 소이탄으로 도쿄 등 많은 도시를 화공 폭격했다. 도시 전체가 아비규환의 불지옥이 되었다.

손자는 이렇게 무서운 불의 위력을 활용한 전술도 체계화시켰다. 이것이 《손자병법》의 〈화공火攻〉 편이다. 손자가 얘기한 화공은 크게 다섯 가지다. 화인火人, 화적火積, 화치火輜, 화고火庫, 화대火隊다.

첫째의 화인은 사람에게 불로 피해를 주는 것이고, 둘째의 화적은 쌓아 놓은 보급품을 태우는 것이고, 셋째의 화치는 보급품을 실은 수레를 태우는 것이다. 넷째의 화고는 전쟁 물자 창고를 태우는 것이고, 다섯째의 화대는 부대 전체를 불로 공격하는 것을 말한다. 이것을 화공유오火攻有五라고 한다.

지금과는 달리 과거에는 화공을 실시하려면 여러 조건이 갖춰져야 했다. 우선 화공할 장비와 인화물을 준비해야 했고, 둘째는 건조한 시기여야 했다. 셋째, 강풍이 있어야 했다. 바람이 적게 불면 불이 번져가는 속도가 느려 다 피할 수 있었다. 그리고 적진이 화공에 용이한 지역에 위치해야 했다.

손자는 전쟁이 이미 발발하고 나서 적과 가까이 대치되어 있을 때 화공하는 준칙을 제시했다.

우선 적진 내부에 불이 나면 즉각 밖에서 공격해야 한다. 불이 나 혼란한 틈을 타 공격하면 쉽게 이길 수 있다. 단, 적진에 화재가 일어났는데도 안이 조용하면, 사태를 관찰한 후 어떤 행동을 할지 결정해야 한다. 함정일 수도 있기 때문이다. 그리고 화공을 할 조건이 되면 적진 밖에서 바로 화공을 실시해야 한다. 또 화공은 항상 바람의 머리 쪽에서 실시해야 한다. 그래야 불이 나에게 오지 않고 적을 향하기 때문이다.

이러한 화공의 준칙을 잘 지켜 승리한 사례로 적벽대전이 유명하다. 《삼국지연의三國志演義》를 바탕으로 이 사례를 조금 더 살펴보자.

유비·손권 연합군이 장강을 서쪽으로 거슬러 가는 중에 적벽에서 조조의 군대와 충돌하게 되었다. 조조의 군대는 특히 수전에 약했다. 더구나 이들은 풍토에 익숙하지 않아 지쳐 있었다.

이러한 적의 약점을 간파한 손권과 유비 측 연합군은 화공작전을 쓰기로 했다. 그러기 위해 여건 조성이 필요했고 방통을 보내 조조의 군사들이 배들을 서로서로 쇠고리로 연결해 쉬도록 유도했다. 또 황개 장군이 배를 훔쳐 투항할 것이라는 거짓 서신을 조조군에 보냈다.

그리고 당일, 화공을 하기 안성맞춤인 여건이 조성되었다. 바람이 조조군을 향해 동남풍으로 강하게 불었다. 손권 주유군은 속도가 빠른 몇 척의 배를 골라 인화물과 기름을 잔뜩 싣고 흰 깃발을 올렸다. 그리고 마치 항복하겠다는 듯이 서서히 접근했다.

이러한 모습을 보고 조조와 그의 장수들은 황개 장군이 투항하는 줄로 알고 방심한 채 환호하기만 했다. 조조 진영 가까이 이르렀을 때 인솔자의 신호로 바람의 머리 쪽에서부터 배에 불을 붙여 재빨리 돌진했다. 조조군은 불타오르는 배의 습격을 받고 삽시간에 불길 속으로 묻혀버렸다. 조조군의 부대는 밀집되어 있어서 그 피해가 더 컸다.

무수한 인마가 불에 타고 물에 빠지고, 그와 때를 맞추어 유비와 손권 연합군은 일제히 공격하여 조조군을 격멸했다. 조조는 패잔병을 이끌고 육로로 간신히 도망갔다. 손자가 제시한 화공의 조건과 준칙들이 잘 적용된 사례다.

화공과 수공의 차이

불로 하는 화공과 물로 하는 수공 중 어느 것이 더 위력적일까? 화공이다. 그래서 손자는 12편 전체를 할애해 화공을 설명한다. 수공은 별도로 제시하지 않고 〈화공〉 편에 잠깐 화공과 비교해서 언급할 뿐이다. 아마도 수공은 전장에서 큰 위력을 발휘하기 어렵기 때문일 것이다.

손자는 화공은 아주 '현명'해야 하고 수공은 '강력'해야 성공할 수 있다고 했다. 모든 군대가 화공의 위력을 실감하고 대비하고 있다. 또 불은 피아를 모르고 번지기 때문에 바람의 세기나 방향 등 여러 요소를 고려하는 현명한 자만이 화공으로 승리할 수 있다.

손자는 수공을 '가이절可以絶 불가이탈不可以奪'이라 했다. 즉, 수공은 적을 고립시킬 수는 있으나 격멸할 수는 없다는 것이다. 수공은 '강력' 해야 성공할 수 있다. 수공은 물이 서서히 차오르므로 피할 시간이 있는 경우가 많다. 그래서 수공에 노출된 적은 산이나 높은 곳으로 피하게 된다. 이때 미리 매복하고 있다가 쳐야 효과가 있고 그렇지 않을 경우에는 효과가 작다.

현대전의 화공

현대전에서의 화공과 손자 시대의 화공은 차이가 크다. 과거에는 화공을 하려면 사람이 직접 불을 붙이든지 불화살 등을 이용해야만 했다. 근거리에서만 화공이 가능했다.

하지만 지금은 어디에서든 원거리 화공이 가능하다. 화력전은 모두 화공전이라 보면 된다. 항공폭격, 미사일, 포사격, 박격포 사격, 전차 사격 때 모두 화공이 가능하다. 포탄과 폭탄의 종류를 불을 내는 소이탄으로 바꾸기만 하면 화공이 가능한 것이다. 또 그 위력도 대단해졌다. 화염방사기, 소이탄, 백린탄, 네이팜탄, 열화우라늄탄 등이 있다.

우리가 가장 두려워하는 핵폭탄도 열과 폭풍, 방사능에 의해 피해를 준다. 핵폭탄이 떨어지면 온도가 수천, 수만 도에 이르는 열과 폭풍이 동시에 발생하여 순식간에 주변을 태우고 증발시킨다. 상상을 초월하는 화공이다.

화공이 적용된 현대전

태평양전쟁 때 미국이 일본 본토에 행한 도쿄 대폭격을 아는가? 일본 사람들이 태평양전쟁 때 정말 두려워했던 것이 이런 화공 폭격이었다.

미국 르메이 장군이 일본 도시에 화공을 결정하고, 폭격에 앞서 전체 폭탄을 불을 내는 소이탄으로 장착한다. 그리고 명중률을 높이기 위해 저고도 비행을 주문한다.

마침내 1945년 3월 9일, 미 B-29 폭격기 수백 대가 도쿄로 출격한다. 도쿄 대폭격은 여섯 시간 동안 계속되었다. 우선 사람들이 도망가지 못하도록 외곽에 원형으로 불을 냈다. 불의 고리가 형성됐다. 이어서 내부를 공격했다. 총 8,500여 곳에 떨어졌다. 불길이 수많은 건물과 사람을 덮쳤다. 그 당시 도쿄 내 대다수 건물은 목조 건물이었다. 그래서 더욱 화재에 취약했다.

상황은 상상외로 끔찍했다. 열기가 너무 뜨거워 사람들이 타 죽거나 증기에 질식사하고, 열기를 견디다 못한 사람들은 강물에 뛰어들었지만 강물은 이미 펄펄 끓고 있었다. 도쿄 폭격으로 민간인 약 10만 명 사망하고 중상자 4만여 명, 이재민은 약 100만 명 이상이 발생했다. 이것은 고작 시작에 불과했다. 무차별적이고 쉴 틈 없이 7월까지 폭격을 가했다. 20개 이상의 도시가 초토화되고 약 30만 명의 사망자가 발생했다. 그럼에도 일본은 끔찍하고 두려운 핵폭탄을 두 번이나 더 투하되고 나서야 마침내 항복을 선언했다. 르메이 장군은 태평양전쟁을 조기에 끝내는 데 공적이 큰 인물로 평가받지만, 동시에 민간인을 무차별 살상했다는 비난도 받고 있다.

지금 전쟁이 일어난다면 이러한 화공이 쓰일까?

지금은 도쿄 대공습과 같은 민간인 대량 살상은 피해야 한다. 전쟁은 시대 변화 흐름과 궤를 같이한다. 산업화시대는 대량 생산과 대량 소비를 추구했다. 전쟁에서도 대량 파괴를 통한 승리를 추구했다. 그래서 제1, 2차 세계대전 때 수천만 명의 피해를 냈고 그 속에는 무고한 민간인 피해도 컸다.

정보화시대가 도래하면서 소량 맞춤형 생산이 추세가 되었다. 전쟁에서도 인간 존중 사상이 스며들기 시작했다. 피해를 최소로 하는 전쟁을 추구하는 추세다. 그래서 1991년 걸프전이나 이라크전, 아프간전 때 미국의 고민도 어떻게 최소 피해로 이길 것인가였다. 최근에는 비살상무기 개발을 가속화하고 있다.

화공을 지배하는 자가 전쟁에서 승리합니다! 세상과 싸울 당신의 불은 무엇인가요?

제13편 용간

첩보전에서 승리하라

用

間

〈용간〉 편 개요

〈용간用間〉 편은 《손자병법》의 마지막 편으로서, 정보 활동의 중요성과 필요조건, 과제와 보완법에 관해 설명하고 있다. 정보 활동은 병력 운용과 승패의 핵심 요소이다. 따라서 리더는 점괘, 미신과 추리 등 불확실한 것을 기초로 의사결정을 해서는 안 된다. 첩보원을 써서 정확한 정보를 기초로 의사결정을 해야 한다. 손자는 이러한 정보 예산은 아껴서는 안 된다고 강조한다.

그러면서 첩보원의 유형 다섯 가지와 활용법을 제시한다. 첩보원의 유형 다섯 가지는 '향간鄕間, 내간內間, 반간反間, 사간死間, 생간生間'이다. 이 다섯 가지 유형을 숙지하고 신묘하게 활용해야 한다는 것이다.

향간이란 적국의 주민을 활용하는 것이고, 내간이란 적국의 관리를 활용하는 것이고, 반간이란 적의 정보원을 역으로 활용하는 것으로 이중 첩자다. 사간이란 거짓 사실을 꾸며서, 거짓 정보를 적에게 흘린다. 밝혀지면 죽게 되므로 사간이라 한다. 생간이란 돌아와서 보고하게 하는 것이다. 살아서 돌아온다 하여 생간이라 한다. 다섯 가지 유형의 첩보원 중에서 반간, 이중 첩자가 가장 중요하다. 그래서 적의 첩보원을 색출하여 후하게 대해 반간으로 삼으면 좋다. 반간은 적에 대한 사정을 잘 알고 있으므로 공작에도 활용할 수 있고 반간을 통해서 향간이나 내간을 포섭하기도 한다.

전군의 일 중에서 정보 활동보다 더 중요한 것이 없다. 따라서 첩보원을 아주 후하게 포상해야 한다. 그리고 어떤 일보다도 은밀히 하여야 한다.

전쟁의 승패는 정보 활동에 달려 있다. 〈용간〉 편이야말로 《손자병법》의 토대가 되는 중요한 편이다.

● 백금을 아껴 정보를 소홀히 하는 자는 장수감이 아니다

孫子曰. 凡 興師十萬하여 出征千里면 百姓之費와 公家之奉이
손 자 왈 범 흥 사 십 만   출 정 천 리   백 성 지 비   공 가 지 봉

日費千金이요
일 비 천 금

內外騷動하고 怠於道路하여 不得操事者七十萬家라
내 외 소 동   태 어 도 로   부 득 조 사 자 칠 십 만 가

相守數年하여 以爭一日之勝하되 而愛爵祿百金하여
상 수 수 년   이 쟁 일 일 지 승   이 애 작 록 백 금

不知敵之情者는 不仁之至也니 非人之將也요 非主之佐也요
부 지 적 지 정 자 불 인 지 지 야 비 인 지 장 야 비 주 지 좌 야

非勝之主也라.
비 승 지 주 야

손자가 말하였다. 십 만 대군을 일으켜 천 리를 정벌해 나가면 백성의
재산과 국가 재정이 매일 천 금이나 소모된다.

국내외가 소란하게 되고 도로에 나앉아 생업에 종사하지 못하는 자가
70만 호나 될 것이다.

수년 동안 서로 대치하여 결국 하루의 승패를 다투게 되는데, 관직이나
많은 상금을 아껴서 적정을 알려고 하지 않는 자는 어질지 못한 극치니,
장수 감이 아니요, 임금의 보좌역 감이 아니요, 승리자 감도 아니다.

● 매 전쟁에서 이기는 자는 적보다 먼저 알기 때문이다

故로 明君賢將이 所以動而勝人하여 成功이 出於衆者는
고   명 군 현 장 소 이 동 이 승 인   성 공   출 어 중 자

先知也니
선 지 야

先知者는 不可取於鬼神이요 不可象於事요 不可驗於度라
선지자 불가취어귀신   불가상어사   불가험어도

必取於人하여 知敵之情者也니라.
필취어인   지적지정자야

　그러므로 현명한 임금과 장수가 움직이기만 하면 적을 이겨 승리를 남
보다 쉽게 하는 것은 적보다 먼저 알기 때문이다(즉, 적보다 정보 우위에 있
어야 승리를 쉽게 할 수 있다).

　적보다 정보를 먼저 알아내는 것은 귀신에게 빌어서 알아낼 수도 없으
며, 어떤 사실에서 끌어낼 수도 없으며, 어떤 법칙에 따라 추론할 수도 없
다. 반드시 사람(첩보원)에게서 알아내어 적의 정세를 알게 되는 것이다.

● 간첩 활용의 종류

故로 用間이 有五하니 有鄕間 有内間 有反間 有死間 有生間이라.
고   용간   유오   유향간 유내간 유반간 유사간 유생간

五間이 俱起하여 莫知其道를 是謂神紀니 人君之寶也니라.
오간   구기   막지기도   시위신기   인군지보야

鄕間者는 因其鄕人而用之하고
향간자   인기향인이용지

内間者는 因其官人而用之하고
내간자   인기관인이용지

反間者는 因其敵間而用之하고
반간자   인기적간이용지

死間者는 爲誑事於外하여 令吾間으로 知之而傳於敵間也요
사간자   위광사어외   령오간   지지이전어적간야

生間者는 反報也라.
생간자   반보야

　첩보원의 유형은 다섯 가지로 향간, 내간, 반간, 사간, 생간 등이 있다.

　다섯 가지를 모두 활용하면서도 그 실태를 알지 못하게 하니, 이를 일
컬어 신의 경지라고도 하며, 임금의 보배라고도 하는 것이다.

향간이란 적국의 주민을 활용하는 것이고,

내간이란 적국의 관리를 활용하는 것이고,

반간이란 적의 정보원을 역으로 활용하는 것이고,

사간이란 거짓 사실을 꾸며서 아측 정보원으로 하여금 이를 알아내어 적의 정보원에게 알리게 하는 것이고 (밝혀지면 죽게 됨),

생간이란 돌아와서 보고하게 하는 것이다.

● 정보는 사전 누설되어서는 안 된다

故로 三軍之事 莫親於間하고 賞 莫厚於間하고 事 莫密於間하니
　고　　삼군지사　막친어간　　　상　막후어간　　　사　막밀어간

非聖智면 不能用間이오 非仁義면 不能使間이요
비성지　　불능용간　　비인의　　불능사간

非微妙면 不能得間之實이니 微哉微哉라 無所不用間也니라.
비미묘　　불능득간지실　　　미재미재　　무소불용간야

間事 未發而先聞者면 間與所告者 皆死라.
간사　미발이선문자　　간여소고자　개사

전군의 일 중에서 정보 활동보다 더 친밀해야 할 것이 없고, 포상 중에서 정보 활동보다 더 후하게 해야 할 것이 없고, 일 중에서 정보 활동보다 더 은밀하게 해야 할 것이 없다.

뛰어난 지혜가 아니면 정보원 운용이 어렵고, 인의가 아니면 정보원 활용이 어렵고,

미묘함이 아니면 정보의 실체를 잘 얻을 수 없으니 미묘하고 미묘하도다. 정보 활동을 하지 않는 분야가 없다.

정보 활동이 시작되기도 전에 소문이 먼저 들리게 되면, 해당 정보원과 그 소문을 보고한 자는 모두 죽는 것이다(기도 노출 방지).

● 공격하려면 적에 관한 정보를 알아야 한다

凡 軍之所欲擊과 城之所欲攻과 人之所欲殺이면
범 군지소욕격　성지소욕공　인지소욕살

必先知其守將 左右 謁者 門者 舍人之姓名하여 令吾間必索知之하며
필선지기수장 좌우 알자 문자 사인지성명　령오간필색지지

必索敵間之來間我者하여 因而利之하고 導而舍之니
필색적간지래간아자　인이리지　도이사지

故로 反間을 可得而用也요
고　반간　가득이용야

因是而知之故로 鄕間 內間을 可得而使也요
인시이지지고　향간 내간　가득이사야

因是而知之故로 死間이 爲誑事하여 可使告敵이요
인시이지지고　사간 위광사　가사고적

因是而知之故로 生間을 可使如期니
인시이지지고　생간　가사여기

五間之事 主必知之니 知之必在於反間이라 故로 反間을
오간지사 주필지지　지지필재어반간　고　반간

不可不厚也니라.
불가불후야

　대체로 치려는 부대, 공격하려는 성, 죽이려는 사람이 있으면 반드시 그 지키는 장수, 주변 인물 및 친구, 문객, 시중인 등의 이름을 먼저 알아내어 아군의 정보원으로 하여금 반드시 찾아서 파악하게 한다.

　우리 측을 탐지하러 들어와 있는 적의 정보원을 반드시 색출하여, 이롭게 하고 이끌어서 머물게 할 것이니,

　그리하여 반간을 획득하여 이용할 수 있게 될 것이다.

　이 반간을 통해 사정을 알 수 있으므로 향간이나 내간을 획득하여 부릴 수 있게 될 것이다.

　또 이 반간을 통해 사정을 알 수 있으므로 기만 사실을 조성하여 가히 적에게 알리게 할 수 있다.

　또 이 반간을 통해 사정을 알 수 있으므로 생간이 가히 복귀할 때를 알

고 기다리게 할 수 있다.

다섯 가지 정보 활동은 임금이 반드시 알아야 하는 것이니, 이를 아는 것은 반드시 반간 운용에 달려 있다. 그러므로 반간을 후하게 대우하지 않을 수 없다.

● 훌륭한 군주는 지혜로운 자를 간첩으로 활용한다

昔에 殷之興也에 伊摯在夏하고 周之興也에 呂牙在殷이라
석 은지흥야 이지재하 주지흥야 려아재은

故로 明君賢將이 能以上智 爲間者는 必成大功하나니
고 명군현장 능이상지 위간자 필성대공

此는 兵之要오 三軍之所恃而動也니라.
차 병지요 삼군지소시이동야

옛날 은殷나라가 일어날 때 이지伊摯(이윤伊尹)가 하夏나라에 있었으며, 주周나라가 일어날 때 여아呂牙(강태공姜太公)가 은나라에 있었던 것이다.

그러므로 현명한 임금과 장수가 능히 최고 수준의 지혜로운 자를 정보원으로 삼는 경우에는 반드시 큰 공을 이룰 수 있다.

이것은 군사 활동의 중요한 사항이요, 전군이 의지하여 움직이는 근거인 것이다.

첩보전에서 승리하는 자가
최후의 승자가 된다

경쟁이나 전투에 이기기 위해서는 거기 참여하는 조직이나 국가에 기본 전제조건이 있다. 적보다 정보 우위에 있어야 한다. 손자는 지피지기면 백전불태라고 하는데 지피도 적에 대한 정보를 아는 것에서 출발하며 기타《손자병법》에 제시되는 전략들도 적의 정보를 바탕으로 세워지는 것들이다. 그만큼 정보 수집이 중요하기에 손자는 제13편 〈용간〉에서 정보 파악에 대한 중요성을 강조했다. 손자는 점괘나 추리가 아닌 정확한 정보를 기반으로 판단해야 하고 이를 위해 첩보원, 즉 첩자를 활용해야 한다고 했다.

첩자를 사용한다는 것이 어찌 보면 비열하거나 정의롭지 못하다고 생각될 수도 있다. 하지만 전쟁이란 것은 국민이 죽고 사는 문제, 국가의 존망이 달린 문제다. 첩자를 써서 적을 잘 알게 되면 전쟁을 하지 않고 이길 수 있고, 전쟁하더라도 피해를 최소로 이길 수도 있다. 그래서 손자는 이런 정보 활동을 할 때 예산을 아껴서는 안 된다고 강조한다. 전쟁은 엄청난 예산이 들어가는 국가의 대사인데, 적보다 우세한 정보를 가지고 있어야 이길 수 있음이 분명하기 때문이다. 그리고 정확한 정치·군사적인 목적을 세우고 정보를 수집해야 한다.

손자는 첩자의 종류를 다섯 가지로 나누고 운용법을 제시했다. 손자는 첩자를 향간鄕間, 내간內間, 반간反間, 사간死間, 생간生間으로 나눴다.

향간은 적 주민을 포섭해 정보원으로 활용하는 것이다. 쉽게 말해 적지에 사는 고정간첩이다. 전략적 가치가 있는 정보를 얻기는 쉽지 않지만 발각될 위험이 적다.

내간은 적의 정부 관리들을 포섭하여 정보를 빼내는 것이다. 적의 정부 내에 있는 관리를 활용한다 하여 내간이라 한다. 경쟁사가 있다면 경쟁사의 간부를 활용하는 것으로 내통자라 볼 수 있다. 양대 세력의 힘이 팽팽하게 대등할 때 내간이 많이 생긴다. 어느 세력이 이길지 모르므로 지도부에 불만이 있다면 지도부를 배신하고 상대편에 붙을 가능성이 커진다.

반간은 적의 첩자를 다시 활용하는 것을 말한다. 지금으로 말하면 이중 스파이다. 사실 반간은 활용하기가 굉장히 까다롭다. 그자가 어느 편인지 확실히 구분하기 어렵기 때문이다. 그래서 진정으로 아국을 위해 일하고 있는지 수시로 점검할 필요가 있다.

그렇지만 반간, 이중 스파이들은 활용 효과가 크다. 이중 스파이를 만들게 되면 적 주민이나 관리들의 성향을 알 수 있다. 이를 활용해 향간이나 내간, 또 다른 반간을 획득하기가 쉽다. 또 반간이 가진 네트워크를 역으로 이용해 적 지도부에 거짓 정보를 흘릴 수도 있다.

사간은 적국에 들어가 적국 내에서 거짓 정보를 유포하는 역할을 한다. 적진에 들어가 기만 공작을 펴 혼란을 야기하는데, 거짓 정보가 발각되면 잡혀서 죽게 된다. 그래서 죽기 때문에 죽을 사死 자를 써서 사간死間이라고 한다.

생간은 적의 정보를 파악하고 다시 돌아와 보고하는 간첩이다. 적 정보를 수집한 뒤 살아 돌아오는 간첩이라 해서 생간生間이라 한다.

다섯 가지 종류의 첩자 중에서 이중 첩자, 반간이 가장 긴요하다. 첩자가 발견되면 바로 제거하지 않고 그 첩자를 후하게 대접해 내 편으로 만드는 시도를 할 수 있기 때문이다. 하지만 신뢰가 어려워 반간의 운용 여부와 제거 여부를 잘 판단해야 한다.

관도대전에서 활약한 내간

《삼국지》에 등장하는 조조와 원소의 세력이 대립했을 때, 내간이 많았다. 조조가 관도대전에서 원소에게 승리를 하고 원소 진영을 뒤지니 조조 진영의 관리들이 원소와 내통한 편지들이 나왔다. 그걸 발견한 조조 부하는 조조에게 들고 와서는 내통자를 엄벌하고 처형해야 한다고 주장했다.

조조는 근심했다. 왜냐하면 너무 많은 사람이 연루돼 있던 터라 그 많은 사람을 숙청하게 되면 조조 진영에 인재가 부족하게 되고 잇따른 문제가 발생할 것이 분명했다.

조조는 고민을 거듭하다 전 관리를 소집한다. 그리고 그 문서 뭉치를 앞에 놓고 "원소 진영에서 발견된 우리 측 관리들의 편지라고 한다. 그렇지만 나는 읽어보지 않았다. 이것들을 태워버리겠다"라고 말하고 내통한 편지를 태워버린다. 처벌을 받을까 봐 두려움에 떨고 있던 내통자들은 자신들을 용서한 조조에게 감복하고 다시 충성하게 된다. 이런 부류가 내간이라고 할 수 있다.

이중 스파이 가르보

유명한 이중 스파이의 사례로 가르보가 있다. 제2차 세계대전이 벌어지고 있던 1944년, 영국을 필두로 한 연합군은 노르망디 상륙작전에 성공한다. 이 작전으로 독일군의 영향권에 있던 유럽을 연합군이 제압하고 전세를 전환할 수 있었다. 이 작전이 성공할 수 있던 데에는 영국의 편에 서서 독일과 영국 사이의 이중 스파이 역할을 한 가르시아, 암호명 가르보의 역할이 컸다.

그는 영국에서는 가르보, 독일에서는 아라벨이라는 암호명으로 활동했다. 스페인에서 태어난 가르보는 나치를 병적으로 싫어해 영국 정부에 스파이를 자청한다. 하지만 처음에는 거절당한다.

이에 가르보는 먼저 독일에 가서 영국의 정보를 캐내는 스파이 활동을 시작한다. 나치 독일의 간첩으로 채용된 가르보는 사실 영국에 갈 수 없는 형편이라서 영국 관광 안내 책자, 영국에 관한 서적, 영어 잡지 등을 참고해 임의로 보고서를 작성해 보냈다. 독일군은 그의 보고서를 받아 보고 가르보를 후하게 평가한다. 이런 생활을 하면서도 가르보는 영국 측 스파이가 되길 원했다. 그러던 중 영국 정부가 가르보의 가치를 인정해 이중 스파이로 포섭한다. 가르보는 영국을 위해 본격적으로 이중 스파이 활동을 하게 된 것이다.

그리고 가르보는 제2차 세계대전이 끝을 향해 치달을 때 결정적인 한 방을 날린다. 독일 정부와 히틀러로부터 신임이 두터웠던 가르보는 연합군이 노르망디가 아닌 칼레로 상륙할 것이라는 거짓 정보를 히틀러에게 제공한다. 히틀러는 가르보의 정보가 정확할 것이라고 믿고 최정예 부대와 프랑스에 주둔해 있던 병력을 모두 칼레로 이동시키고 노르망디에는 최소 병력만 배치한다.

1944년 6월 6일 아침 연합군은 노르망디 상륙작전을 감행했고, 이를 본 독일군 지휘관은 부대를 즉각 노르망디로 이동시켜 달라고 긴급 요청했지만 히틀러는 노르망디 상륙작전은 기만작전이고 본격적인 작전은 칼레에서 시작될 것이므로 병력 이동을 하지 말라는 지시를 내린다. 연합군은 큰 출혈 없이 작전에 성공하고 승세를 몰아 파죽지세로 독일까지 공격해 들어간다. 결국 독일은 패전하고 만다.

첩자를 이용할 때 최고 리더의 역할

손자는 첩자를 쓸 때 세 가지 사항을 유념해야 한다고 했다.

첫째는 최고 리더가 첩자에게 인간적인 관심을 두고 직접 지휘해야 한다. 리더가 진정으로 잘해주고 믿음을 보이면 유혹이 와도 충성을 다

할 수 있기 때문이다. 첩자 운용을 수하에게만 맡기면 정보가 누설되거나 왜곡될 소지가 크다.

둘째는 첩자가 하는 일이 위험하고 또 그만큼 가치가 있는 임무임을 인정해주고 충분한 보상과 더불어 신변 보호를 해주어야 한다. 가르보의 경우만 보아도 제2차 세계대전이 끝난 후 영국 정부는 그를 철저히 보호했다. 나치의 보복을 우려해 가르보가 1949년 앙골라 여행 중에 말라리아에 걸려 사망한 것으로 위장했다. 가르보는 베네수엘라에서 새로운 가정을 꾸리고 서점과 선물 가게를 운영하며 평화롭게 말년을 보낼 수 있었다.

셋째는 보안 활동이다. 내 쪽의 정보가 밖으로 새나가지 않도록 해야 한다.

정보 수집 후 리더의 역할

신중하고 교묘하게 첩자를 활용하여 정보를 얻는 것만이 능사가 아니다. 그다음은 리더의 능력 여하에 달렸다. 어렵게 수집한 귀한 정보가 요긴하게 쓰일 수도 하찮게 버려질 수도 있다. 수집한 정보를 파악하고 분석하는 능력이 뛰어나야 비로소 유능한 리더라고 말할 수 있다. 통찰력이 필요한 것이다.

현대의 첩보 활동

손자의 시대에는 사람을 이용한 첩보 활동이 중요했지만, 현대에 이르러서는 적의 정보를 수집하는 수단으로 첩자나 간첩이 아닌 첨단 기술이 활용되고 있다. 예컨대 사진정찰 인공위성을 활용하면 도로 위의 트럭 바퀴 자국 하나까지도 분석할 수 있다. 인공위성, 항공기 등을 사용해 표적을 감시하며, 감청은 쉬운 일이 됐다. 또 암호를 사용해 나의 정보를 보호할 뿐 아니라, 표적이 사용한 암호를 해독하는 기술도 발달하고 있다. 사이버 공간에서는 지금도 치열한 첩보전이 벌어지고 있다.

기술정보자산을 이용하는 것을 테킨트TECHINT, Technical Intelligence라고 한다. 많은 국가가 기술정보 수집에 상당한 예산을 쓰고 있다. 여전히 쓰이고 있는 사람을 이용해 필요한 정보를 취득하는 방법은 휴민트 HUMINT, Human Intelligence라고 하며 화이트요원과 블랙요원으로 나뉜다. 화이트 요원은 공식 직함을 갖고 신분을 어느 정도 드러낸 채 활동하며, 블랙요원은 신분을 철저히 위장하고 활동한다.

첩보 행위 자체는 국제법상 금지되어 있지 않아서 각 교전국은 적의 첩자를 알아내도 자국 내 법에 따라서만 처벌할 수 있다.

세계는 지금 산업 스파이와 전쟁 중

냉전시대에 군사 기밀을 빼내기 위한 국제 스파이가 많았다면 현재는 산업 기밀을 빼내기 위한 산업 스파이들이 활개를 치고 있다. 산업 스파이는 산업적, 경제적, 기업적으로 첩보 활동을 한다.

산업 첩보 활동으로는 우선 인적 자원을 빼내는 방법이 있다. 해당 회사의 사원을 스카우트하거나 퇴직한 연구 인력을 포섭하는 방법이다. 경쟁회사의 인력 스카우트는 불법적인 행위가 아니지만, 핵심 기술자가 경쟁사에 취업해 이익이 되는 일을 하는 것은 불법이다. 또 인수합병을 하는 과정에서 산업기술이 유출되기도 하고, 경쟁회사에 직접 잠입해 기밀 정보를 매수해오기도 한다.

국내에서도 첨단산업 중심으로 스파이들이 급증하고 있다. 연간 100건 미만이던 정보 유출 건수가 2012년 이후에는 평균 100건을 웃도는 횟수로 증가했다. (2017년 4월 30일 산업통상자원중소벤처기업위원회가 발표한 〈산업 기술유출 방지를 위한 기술 규모별 보안관리 및 기술유출 대응방안 연구〉 보고서에 담긴 2016년까지의 경찰청 기술유출 검거 통계에 따르면 2008년 72건에서 해마다 증가해 2016년에는 114건이었다.)

2015년부터 2017년 사이 통계에 따르면 유출된 기술 자료 종류 중 가장 많은 부분은 생산 중인 제품이었고, 그다음으로 설계 도면이 급증하는 모습을 보였다. 디지털 문서 형태로 관리되고 있는 자료들이 사이버 공격으로 유출되고 있다.

국가 핵심기술의 국외 유출 건수도 증가하는 추세다. 〈산업기술유출 현황 및 적발현황〉 자료에 따르면 2013년부터 1018년 8월까지 산업기술의 해외 유출 및 시도 적발 건수는 152건에 달하는 것으로 나타났다. 국제 산업 스파이를 막기 위해 정부는 2019년 8월 '산업기술의 유출 방지 및 보호에 관한 법률' 개정안을 의결했다.

미국 GM사와 독일 폭스바겐은 산업 스파이로 인한 갈등을 겪은 바 있다. 1993년 폭스바겐이 GM사의 독일 자회사인 오펠에서 근무하던 판매담당 임원과 직원 세 명을 스카우트한 것이 발단이었다. 이들이 오펠 생산 라인과 부품 구입, 신형차 생산계획까지 중대한 회사 기밀을 빼돌려 폭스바겐에 전달했다는 것이다. 이 사건은 결국 3년여에 걸친 긴 공방 끝에 폭스바겐이 잘못을 인정했다. 그리고 GM사에 1억 달러의 배상

금과 7년간 10억 달러 규모의 GM 부품을 사들이는 방식으로 대가를 치렀다.

글로벌 공룡 기업 아마존 역시 산업 스파이 의혹에서 벗어나지 못한다. 1999년 세계 최대 유통 체인점인 월마트는 아마존을 상대로 소송을 제기한다. 아마존이 월마트 전 직원과 판매원들을 데려가 물품판매와 재고관리 등 월마트의 정보관리시스템을 그대로 모방했다고 주장한 것이다. 당시 미국과 세계 전역에서 1,000여 개 체인점을 운영하는 월마트의 최첨단 정보 관리력은 미 정부에 버금갈 정도였던 것으로 알려졌다. 온라인 세계에서의 월마트를 꿈꿨던 초창기 아마존에는 무척 탐나는 기술이었을 것이다.

20년이 지난 지금 아마존이 글로벌 최대 기업으로 성장하는 데 산업 스파이 활동이 일정 부분 도움이 되지 않았을까 추측해볼 수 있다.

또 스마트폰과 반도체에서 세계 1위의 기술력을 자랑하는 삼성과 LG도 산업 스파이 활동으로 인한 기밀 유출 사고를 경험했다. 2012년 무렵, 삼성과 LG는 약 2조 원을 투자해 55인치 TV에 적용될 아몰레드 디스플레이 기술을 개발해냈다. 아몰레드는 일반 LCD와 달리 자체 발광으로 인해 다양한 각도에서도 잘 보인다는 장점이 있다. 그런데 이스라엘의 장비검사업체인 오보텍의 직원이 디스플레이 패널의 장비검사를 하는 척하면서 아몰레드 기술의 회로도를 몰래 찍어 경쟁업체인 중국과 대만의 회사로 유출했다. 당시 아몰레드 기술은 국가 핵심 산업 기술로 지정되면서 향후 5년간 30조 원 이상의 예상수익을 기대하고 있었다. 하지만 산업 스파이로 인한 기술 유출 사건으로 많은 우려를 샀다.

우리나라의 기술 유출 사건은 2010년 40건에서 2016년 114건까지 늘어나면서 점차 증가 추세를 보인다. 새로 개발해낸 핵심 기술의 설계 도면이 사이버 공격으로 인해 유출되는 일이 늘어나고 있다. 특히 전체 기술 유출 사건 중 '경쟁사로의 기술유출'이 42%나 차지한다. 기업 간의 기술 경쟁이 치열하게 일어나고 있는 것이다.

미국의 유명한 미래학자 앨빈 토플러는 산업 스파이가 21세기 유망 산업이라고 말했다. 그는 경제 스파이가 21세기 향방을 가를 중요한 변수가 될 수 있다고 강조했다. 기업을 경영하는 데 다른 기업보다 정보와 기술의 우위를 선점하는 것, 또 차별화된 기술과 정보를 지켜내는 것이 얼마나 중요한지 되새겨볼 필요가 있다.

정보가 힘이 되는 세상입니다. 누군가 이 순간에도 최신 정보를 얻기 위해 치열한 두뇌전쟁을 하고 있습니다. 정보력을 키우세요.

한미연합군을 지휘한 김병주 예비역 육군대장의

시크릿
손자병법

★ ★ ★ ★

초판 1쇄 발행 2019년 11월 20일
초판 2쇄 발행 2019년 12월 18일

지은이 김병주
펴낸이 김세영

펴낸곳 도서출판 플래닛미디어
주소 04029 서울시 마포구 잔다리로 71 아내뜨빌딩 502호
전화 02-3143-3366
팩스 02-3143-3360
블로그 http://blog.naver.com/planetmedia7
이메일 webmaster@planetmedia.co.kr
출판등록 2005년 9월 12일 제313-2005-000197호

ISBN 979-11-87822-37-0 03390